AF328889

Sicherheit der Elektrizitätsversorgung

Aaron Praktiknjo

Sicherheit der Elektrizitätsversorgung

Das Spannungsfeld
von Wirtschaftlichkeit
und Umweltverträglichkeit

Mit einem Geleitwort von
Prof. Dr. Georg Erdmann

Aaron Praktiknjo
Berlin, Deutschland

Zugl.: Berlin, Technische Universität, Dissertation, 2013, u.d.T. „Sicherheit der Elektrizitätsversorgung im Spannungsfeld der energiepolitischen Ziele Wirtschaftlichkeit und Umweltverträglichkeit"

D 83

ISBN 978-3-658-04343-8   ISBN 978-3-658-04344-5 (eBook)
DOI 10.1007/978-3-658-04344-5

Die Deutsche Nationalbibliothek verzeichnet diese Publikation in der Deutschen Nationalbibliografie; detaillierte bibliografische Daten sind im Internet über http://dnb.d-nb.de abrufbar.

Springer Vieweg
© Springer Fachmedien Wiesbaden 2013

Gedruckt auf säurefreiem und chlorfrei gebleichtem Papier

Springer Vieweg ist eine Marke von Springer DE. Springer DE ist Teil der Fachverlagsgruppe Springer Science+Business Media.
www.springer-vieweg.de

Geleitwort

Während sich die elektrizitätswirtschaftliche Diskussion der letzten Jahre vor allem um die Umweltverträglichkeit und die Preiswürdigkeit/Bezahlbarkeit der Elektrizität drehte, stand das Thema Stromversorgungssicherheit hierzulande bisher im Hintergrund. Mit Ausnahme einer Studie eines Beratungsunternehmens liegen derzeit auch noch keine wissenschaftlich fundierten und empirisch abgesicherten Untersuchungen zu den Kosten von Versorgungsunterbrechungen in Deutschland vor. Dies ist nicht zuletzt eine Folge einer vergleichsweise hohen Zuverlässigkeit im Bereich der Elektrizitätsversorgung. Nach welchen Kriterien auch immer beurteilt wird, Deutschland erreicht jeweils internationale Spitzenwerte bei der Stromversorgungssicherheit.

Um den Prinzipien der nachhaltigen Stromversorgung gerecht zu werden, muss aber der Anteil der erneuerbaren Energieträger an der Elektrizitätsversorgung noch weiter deutlich gesteigert werden. Im Vordergrund stehen hier die beiden dargebotsabhängigen Versorgungsquellen Windkraft und Photovoltaik. Die Europäische Union und viele Mitgliedstaaten streben sehr ehrgeizige Ausbauziele an. Deutschland beispielsweise möchte den erneuerbaren Anteil der Elektrizitätserzeugung bis zum Jahr 2030 auf 50 Prozent und bis zum Jahr 2050 sogar auf 80 Prozent steigern. Mit der weiter zunehmenden Bedeutung von Wind und Sonne könnte jedoch das Risiko einer nicht mehr rund um die Uhr gesicherten Elektrizitätsversorgung ebenfalls deutlich ansteigen.

Natürlich könnte die Politik ein finanziell großzügig ausgestattetes Investitionsprogramm für den Zubau von Backup-Kraftwerken, Stromspeichern, Stromnetzen etc. initiieren, damit die hervorragende Zuverlässigkeit der Elektrizitätsversorgung auch künftig beibehalten werden kann. Doch bevor die Kosten der Stromversorgung damit für die Endverbraucher oder Steuerzahler noch weiter gesteigert werden, sollte eine sorgfältige Kosten-Nutzen-Analyse vorgenommen werden. Dabei muss die Frage beantwortet werden, welches Niveau an Versorgungssicherheit für welche Kundengruppen tatsächlich gesellschaftlich optimal wäre.

Bei einer rein elektrizitätswirtschaftlichen Analyse hängt die Antwort davon ab, welche Kosten mit einem möglichen Stromunterbruch verbunden wären (englisch *Value of Lost Load*). Da einzelne Elektrizitätsverbraucher im Fall von Stromunterbrüchen individuell unterschiedlich hohe Schäden erleiden, werden sie entsprechend heterogene Zahlungsbereitschaften zur Vermeidung solcher Unterbrüche (*Willingness to Pay*) sowie individuell unterschiedliche Bereitschaften zur Akzeptanz von Stromunterbrüchen (*Willingness to Accept*) aufweisen.

Demzufolge ist eine nach Kundengruppen differenzierte Analyse erforderlich. Erst mit solchen Informationen kann der wohlfahrtsökonomisch optimale Aufwand für die Aufrechterhaltung der Versorgungssicherheit korrekt eingegrenzt werden.

Der Nutzen solcher Informationen ist hoch, vor allem für die Stromversorger. Mit den Ergebnissen der vorliegenden Arbeit werden ihnen die Voraussetzungen geboten, um ihren Kunden individuell zugeschnittene Lieferverträge mit temporären Abschaltoptionen anzubieten. Dabei darf die Abschaltoption natürlich nur dann zum Tragen kommen, wenn der Kostenaufwand zur kurzfristigen Aufrechterhaltung der Versorgungssicherheit über der jeweils individuellen Zahlungs- bzw. Akzeptanzbereitschaft liegt. Der Grundgedanke ist einfach: In einem Stromversorgungssystem mit hohen Anteilen an volatiler Erzeugung kann es unter Umständen sinnvoller sein, Kunden mit einer geringer Zahlungs- bzw. Akzeptanzbereitschaft kurzfristig abzuschalten, anstatt diese mit teuren Spitzenlastkraftwerken und Stromspeichern zu versorgen, die für nur einige wenige Vollbetriebsstunden im Jahr betrieben werden. Für die Formulierung gesellschaftlich akzeptierter energiepolitischer Strategien ist darüber hinaus die Bestimmung der relativen Zielgewichte zwischen den gesamtwirtschaftlichen Zielen „Versorgungssicherheit", „Klimaschutz" und „Kernenergieausstieg" notwendig. Auch dazu liefert die vorliegende Monographie wertvolle methodische wie empirische Hinweise.

Das Buch richtet sich an verschiedene Lesergruppen. Erstens unterstützt es die Praktiker der Elektrizitätswirtschaft bei der Formulierung von Investitions- und Vertriebsstrategien, die ein aus Kundensicht optimales Niveau an Stromversorgungssicherheit anstreben. Dazu präsentiert der Autor den Leserinnen und Lesern kein wissenschaftliches Kauderwelsch, sondern stellt die Materie in ihrer Komplexität in klaren Sätzen packend dar. Zweitens sind die Energie- und Umweltpolitiker angesprochen. Am Beispiel der Stromversorgungssicherheit wird ihnen das Bewerten in Zielkonflikt-Situationen nahegebracht – ein Gesichtspunkt, der gerade beim aktuellen politischen Management der Energiewende hohe Relevanz beansprucht. Drittens bietet das Buch den forschenden Energiewissenschaftlern einige Erkenntnisse und Einsichten. Neben dem Überblick zu diversen methodischen Konzepten und ihren Anwendungsmöglichkeiten gehört dazu eine umfangreiche Darstellung von weiterführenden Forschungsthemen. Zusammenfassend hat Herr Dr. Aaron Praktiknjo ein Buch vorgelegt, dem eine breite Resonanz bei der weiteren energiepolitischen Diskussion über effiziente Strategien zur Stromversorgungssicherheit zu wünschen wäre.

Berlin   Prof. Dr. Georg Erdmann

Fachgebiet Energiesysteme der Technischen Universität Berlin
Expertenkommission der Bundesregierung zum Monitoring der Energiewende

Vorwort

> Denn Weisheit ist wertvoller als die kostbarste Perle, unvergleichlich mehr als alles, was ihr euch erträumt.
>
> Die Bibel, Sprüche Kapitel 8, Vers 11

Die vorliegende Dissertation entstand während meiner Tätigkeit als wissenschaftlicher Mitarbeiter am Fachgebiet Energiesysteme der Technischen Universität Berlin.

Bei meinem Doktorvater, Prof. Dr. Georg Erdmann, möchte ich mich ganz besonders für seine Unterstützung und sein Vertrauen in mich bedanken. Sowohl fachlich als auch persönlich habe ich sehr viel von ihm erlernen können. Für diese großartige Gelegenheit bin ich ihm persönlich sehr zu Dank verpflichtet.

Prof. Dr. Reinhard Haas danke ich ganz herzlich für sein Interesse an meiner Arbeit und der Begutachtung meiner Dissertation. Weiterhin danke ich Prof. Dr. George Tsatsaronis vielmals für seine Bereitschaft, der Prüfungskommission vorzusitzen.

Außerdem danke ich meinen derzeitigen und ehemaligen Kollegen am Fachgebiet Energiesysteme für eine gute Zusammenarbeit, spannenden fachlichen Diskussionen, aber auch persönlichen Freundschaften. Besonders meinen dienstälteren Kollegen Niels Ehlers, Boris Heinz, Johannes Henkel und meinem Zimmernachbarn Lars Dittmar danke ich für die fachliche Unterstützung. Meinem Kollegen Arne Grein danke ich zudem für die sehr gute Zusammenarbeit in der Lehre und Forschung.

Johannes Henkel und Thomas Wagner danke ich außerdem besonders für das Lektorat meiner Arbeit und die wertvollen Kommentare. Meinen Freunden danke ich für zahlreichen Zuspruch und Unterstützung im Gebet.

Bei meiner Frau Malin und meinen Eltern möchte ich mich ganz besonders bedanken. Ihre hingebungsvolle Unterstützung, Ermutigungen und Gebete haben mich durch meine Promotionszeit und auch darüber hinaus getragen.

Berlin   Aaron Jonathan Praktiknjo

Inhaltsverzeichnis

Tabellenverzeichnis

Abkürzungsverzeichnis

AbLaV	Verordnung über Vereinbarungen zu abschaltbaren Lasten
ARegV	Verordnung über die Anreizregulierung der Energieversorgungsnetze
BDEW	Bundesverband der Energie- und Wasserwirtschaft
BIP	Bruttoinlandsprodukt
BMU	Bundesministerium für Umwelt, Naturschutz und Reaktorsicherheit
BMWi	Bundesministerium für Wirtschaft und Technologie
BNetzA	Bundesnetzagentur
BPB	Bundeszentrale für politische Bildung
BWS	Bruttowertschöpfung
CAIDI	*Customer Average Interruption Duration Index*
CEER	*Council of European Energy Regulators*
CGI	*Common Gateway Interface*
CO_2	Kohlendioxid
CPA	*Classification of products by activity*, die offizielle Güterklassifikation der Europäischen Union
DESTATIS	Statistisches Bundesamt
EEG	Gesetz für den Vorrang erneuerbarer Energien
ENTSO-E	*European Network of Transmission System Operators for Electricity*
EnWG	Gesetz über die Elektrizitäts- und Gasversorgung
EPRI	Electric Power Research Institute
EUR	Euro
EVS	Einkommens- und Verbrauchsstichprobe
GW	Gigawatt

HTML	*HyperText Markup Language*
Hz	Hertz
IEA	*International Energy Agency*
km	Kilometer
kV	Kilovolt
kWh	Kilowattstunden
Log	Logarithmus
MW	Megawatt
MWh	Megawattstunden
OAPEC	*Organization of Arab Petroleum Exporting Countries*
OECD	*Organisation for Economic Co-operation and Development*
OLS	*Ordinary Least Squares* (kleinste Quadrate)
PC	Personal Computer
SAIDI	*System Average Interruption Duration Index*
SAIFI	*System Average Interruption Frequency Index*
SQL	*Structured Query Language*
TWh	Terawattstunden
UCTE	*Union for the Coordination of the Transmission of Electricity* (heute: *European Network of Transmission System Operators for Electricity* (ENTSO-E))
V	Volt
VDN	Verband der Netzbetreiber (heute: Forum Netztechnik/ Netzbetrieb (FNN) im Verband der Elektrotechnik, Elektronik und Informationstechnik (VDE))
VIK	Verband der Industriellen Energie- und Kraftwirtschaft
VOLL	*Value of Lost Load*
WTA	*Willingness to accept* (Akzeptanzbereitschaft)
WTP	*Willingness to pay* (Zahlungsbereitschaft)
WZ	Offizielle Klassifikation der Wirtschaftszweige in Deutschland

1 Einleitung

Die drei Hauptziele von Energiepolitik sind Wirtschaftlichkeit, Umweltverträglichkeit und Versorgungssicherheit, siehe Abbildung 1. Diese Ziele sind in Deutschland auch gesetzlich im § 1 Absatz 1 des Energiewirtschaftsgesetzes festgesetzt. Die beiden energiepolitischen Ziele Umweltverträglichkeit und Wirtschaftlichkeit sind in der Vergangenheit wissenschaftlich sehr intensiv untersucht worden. Das dritte Ziel der Energiepolitik, Versorgungssicherheit, stand jedoch im Vergleich zu den beiden anderen genannten Zielen bisher nicht im gleichen Umfang im Fokus der Wissenschaft.

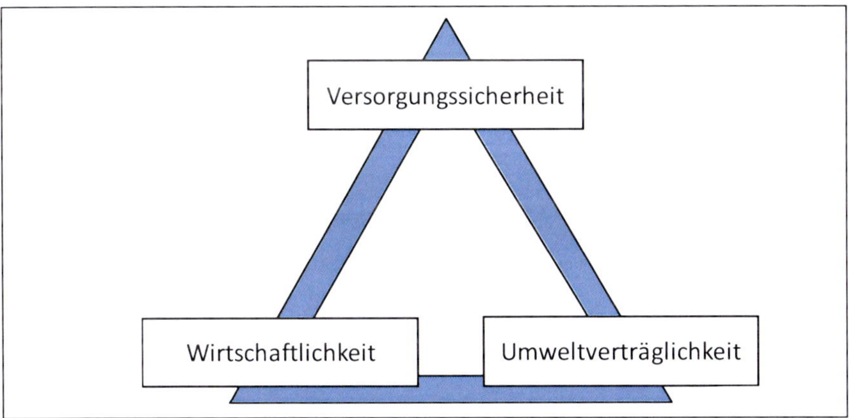

Abbildung 1:   Das Zieldreieck der Energiepolitik. Quelle: Erdmann und Zweifel (2007)

Während unter dem Ziel der Umweltverträglichkeit vor den neunziger Jahren hauptsächlich Feinstaube, Stickoxide und Schwefeloxide assoziiert wurden, wird heute aus energiesystemischer Sicht damit überwiegend das Thema Kohlendioxid assoziiert. Stern (2007) quantifiziert beispielsweise in seiner Arbeit die Konsequenzen eines Klimawandels monetär und ermöglicht dadurch, ein Optimum zwischen diesen beiden teilweise konkurrierenden Zielen zu identifizieren. In seiner Arbeit argumentiert er, dass die Konsequenzen eines Nicht-Handelns durch einen Klimawandel kostspieliger sind als Maßnahmen, um die Emissionen von Kohlendioxid zu reduzieren. Viele Staaten haben sich unter anderem auf der Basis dieser wissenschaftlichen Argumentation selbst dazu verpflichtet, die

Emissionen von Kohlendioxid zu senken. Dazu zählt auch Deutschland. In Deutschland soll eine Transformation der Elektrizitätswirtschaft von einer überwiegend nuklear-fossilen zu einer überwiegend regenerativen Versorgung einen wesentlichen Beitrag zu den Kohlendioxid-Reduktionszielen leisten. Hierfür sind von der Bundesregierung Ausbauziele für erneuerbare Energien gesetzlich formuliert worden. Demnach soll der Anteil erneuerbarer Energien an der Elektrizitätsversorgung auf mindestens 35 Prozent bis 2020, 50 Prozent bis 2030, 65 Prozent bis 2040 und schließlich 80 Prozent bis 2050 ansteigen, siehe auch § 1 Absatz 2 des Gesetzes für den Vorrang erneuerbarer Energien (kurz EEG). Darüber hinaus hat die Bundesregierung als Reaktion auf die Reaktorunfälle im japanischen Fukushima 2011 beschlossen, die Nutzung von Kernenergie bis 2022 stufenweise aufzugeben. Diese Transformation des Energiesystems ist im Sprachgebrauch als Energiewende bekannt.

Die derzeit vollzogene Transformation des elektrischen Energiesystems stellt die Versorgungssicherheit jedoch sowohl technisch als auch organisatorisch vor große Herausforderungen. Neben Diskrepanzen zwischen Auslegungszustand und Zielzustand im Bereich der Stromnetze stellen zeitliche Diskrepanzen zwischen Verbrauch und Erzeugung aus erneuerbaren Anlagen die wesentlichsten Herausforderungen des zukünftigen Elektrizitätssystems dar. Elektrizität aus erneuerbaren Anlagen wird heute und in Zukunft aller Voraussicht nach hauptsächlich aus Windkraft- und Photovoltaikanlagen erzeugt. Die Erzeugung ist dabei weitestgehend unabhängig von dem tatsächlichen Bedarf, aber abhängig von nicht beeinflussbaren meteorologischen Faktoren. Damit die Nachfrage nach Elektrizität auch in wind- und sonnenschwachen Zeiten gedeckt werden kann, ist eine von drei Optionen neben dem Weiterbetrieb konventioneller Kraftwerke oder einer Integration großer Stromspeicher eine Drosselung der Nachfrage durch das Abschalten von Verbrauchern. Um das wirtschaftlich optimale Maß an Versorgungssicherheit zu bestimmen, sind jedoch genaue Kenntnisse über den Nutzen von Versorgungssicherheit beziehungsweise den Kosten von Versorgungsunsicherheit erforderlich.

In der Vergangenheit konnten sich die Stromkunden in Deutschland im internationalen Vergleich auf eines der zuverlässigsten Elektrizitätsversorgungssysteme verlassen. Derzeit mehren sich angesichts der drastischen Transformation der Elektrizitätsversorgung allerdings Stimmen, die das Halten der Versorgungssicherheit für die Zukunft als problematisch betrachten. So stuft beispielsweise die Expertenkommission zum Monitoring-Prozess der Energiewende die zukünftige Versorgungssicherheit als kritisch ein, siehe Löschel *et al.* (2012). Auch eine Mitgliederumfrage des Verbands der Industriellen Energie- und Kraftwirtschaft (kurz VIK) kommt zu dem Ergebnis, dass der Fortbestand der derzeitig hohen Versorgungssicherheit für die Zukunft als fraglich angesehen wird, siehe Bier (2012).

Angesichts dieser Entwicklungen stellt sich die Frage, welche Rolle Versorgungssicherheit als drittes energiepolitisches Ziel in dem Spannungsfeld zwischen Umweltverträglichkeit und Wirtschaftlichkeit in der Elektrizitätswirtschaft einnimmt. Diese Arbeit soll einen wissenschaftlichen Beitrag zu dieser zentralen Fragestellung leisten, indem zwei Punkte untersucht werden.

- Zusammenhänge zwischen Versorgungssicherheit und Wirtschaftlichkeit

  Welchen ökonomischen Nutzen hat die Sicherheit der Elektrizitätsversorgung beziehungsweise welche Schäden entstehen bei Unterbrechungen der Stromversorgung für unterschiedliche Verbraucher?

- Zusammenhänge zwischen Versorgungssicherheit und Umweltverträglichkeit

  Stellt die Transformation des Energiesystems eine Herausforderung für die Versorgungssicherheit dar und falls ja, welche der beiden Ziele werden von der Bevölkerung präferiert?

Um diese Fragestellungen zu beantworten, wird in Kapitel 2 auf die Frage eingegangen, ob mit der Energiewende auch Herausforderungen für die Versorgungssicherheit einhergehen. Hierfür wird erst die derzeitige Situation der elektrischen Versorgungssicherheit im internationalen Kontext verglichen und diskutiert. Anschließend wird die technische und organisatorische Funktionsweise der gegenwärtigen und der für die Zukunft geplanten Elektrizitätsversorgung erläutert und sich daraus abzeichnende Herausforderungen für die Versorgungssicherheit abgeleitet.

In Kapitel 3 werden Grundlagen und Hintergründe der Versorgungssicherheit erläutert, um einen tiefergehenden Zugang zu der untersuchten Problematik zu ermöglichen. Hierfür werden erst die Ursprünge der Energieversorgungssicherheit und vorhandene Definitionen vorgestellt und schließlich die für diese Arbeit verwendete Definition von Versorgungssicherheit präsentiert. Weiterhin werden die wirtschaftstheoretischen Hintergründe des Nutzens von Versorgungssicherheit beziehungsweise der Kosten durch Unterbrechungen der Versorgung aufgezeigt. Anschließend werden die wissenschaftlichen Methoden zur Schätzung der Kosten von Versorgungsunterbrechungen aufgezeigt und diskutiert und ein Überblick über den aktuellen Stand der Wissenschaft auf diesem Gebiet gegeben.

In den Kapiteln 4, 5 und 6 werden schließlich die Kosten von elektrischen Versorgungsunterbrechungen geschätzt. In Kapitel 4 liegt der Fokus auf Unternehmen, für die zur Abschätzung der Kosten von Unterbrechungen ein Input-Output-Modell entwickelt wird, welches die Auswirkungen von sektoralen Verflechtungen in der Wirtschaft abbildet. In den Kapiteln 5 und 6 liegt der Fokus auf privaten Haushalten. Die Unterbrechungskosten in den Haushalten werden anhand von zwei verschiedenen Simulationsmodellen abgebildet und errechnet. Das erste Modell verfolgt einen theoretisch-mikroökonomischen Ansatz, während das zweite Modell einen Ansatz verfolgt, der auf der Methode von geäußerten Präferenzen basiert.

Kapitel 7 widmet sich der Frage, wie die Präferenzen in der Bevölkerung zwischen Versorgungssicherheit und Umweltverträglichkeit verteilt sind. Dabei wird Umweltverträglichkeit weiter aufgeteilt in die Themen Klimaschutz und Kernenergieausstieg. Für die Schätzung der Präferenzen wird jeweils ein Entscheidungsmodell entwickelt und eine Simulation durchgeführt.

In den Kapiteln 4, 5, 6 und 7 werden jeweils zunächst die zugrunde liegenden Annahmen und die verwendeten Daten erläutert, bevor die Modelle und Simulationen vorgestellt werden. Anschließend werden die Ergebnisse präsentiert und interpretiert. Die letzten Abschnitte dieser Kapitel enden mit einer kritischen Würdigung und einem wissenschaftlichen Ausblick.

Kapitel 8 beendet diese Arbeit mit einem abschließenden Fazit.

2 Technische und organisatorische Aspekte der Elektrizitätsversorgung

Die Elektrizitätsversorgung in Deutschland unterliegt derzeit einer grundlegenden Transformation von einer überwiegend fossilen hin zu einer überwiegend regenerativen Erzeugung. Allerdings bedarf es dafür nicht nur in der Elektrizitätserzeugung Anpassungen und Veränderungen. Das gesamte Elektrizitätssystem ist über viele Jahre historisch gewachsen und ursprünglich für eine fossile Erzeugung ausgelegt und optimiert worden. Daraus ergeben sich deshalb Diskrepanzen zwischen der heute ausgelegten Infrastruktur und der notwendigen Infrastruktur für eine überwiegend regenerative Erzeugung, die Auswirkungen auf die Versorgungssicherheit haben können. Dies soll in diesem Kapitel untersucht werden.

Für eine einfachere Einordnung soll in Abschnitt 2.1 jedoch zunächst der derzeitige Stand der elektrischen Versorgungssicherheit im internationalen Vergleich untersucht und vorgestellt werden. In Abschnitt 0 werden wichtige technische und organisatorische Grundlagen der konventionellen Elektrizitätsversorgung vorgestellt, bevor in Abschnitt 2.3 Grundlagen der erneuerbaren Elektrizitätsversorgung diskutiert werden. In Abschnitt 2.4 werden die Zwischenergebnisse schließlich zusammengeführt und Implikationen für die Versorgungssicherheit diskutiert.

2.1 Elektrische Versorgungssicherheit in Deutschland im internationalen Vergleich

Der Fokus dieser Arbeit liegt auf der Versorgungssicherheit von elektrischer Energie in Deutschland. In diesem Abschnitt wird deshalb kurz der Status quo der elektrischen Versorgungssicherheit wiedergegeben. Um den Grad an elektrischer Versorgungssicherheit widerzuspiegeln, haben sich vor allem drei Kennzahlen etabliert. Diese Kennzahlen sind der sogenannte *System Average Interruption Duration Index* (kurz SAIDI), der *System Average Interruption Frequency Index* (kurz SAIFI) und der *Customer Average Interruption Duration Index* (kurz CAIDI).

Der SAIDI gibt die kumulierte Dauer in Minuten an, die ein Endkunde pro Jahr im Durchschnitt von der Elektrizitätsversorgung abgetrennt ist. Der SAIDI errechnet sich somit durch die Division der kumulierten Dauer von Versorgungsunterbrechungen ΔT_i über alle Endkunden mit der Gesamtanzahl an belieferten Endkunden n, siehe (1). Der SAIDI wird meist in Minuten pro Jahr angegeben.

$$SAIDI = \frac{\sum_{i=0}^{i=n} \Delta T_i}{n} \tag{1}$$

Der SAIFI gibt die durchschnittliche Häufigkeit von Versorgungsunterbrechungen pro Endkunden an. Dieser wird errechnet, indem die kumulierte Gesamtanzahl der Endkundenunterbrechungen pro Jahr n_{int} durch die Gesamtanzahl der belieferten Endkunden n geteilt wird, siehe (2). Der SAIFI wird in der Regel als Inverse eines Jahres beschrieben.

$$SAIFI = \frac{n_{int}}{n} \tag{2}$$

Der CAIDI gibt die Dauer einer durchschnittlichen Versorgungsunterbrechung in Minuten an. Diese Kennzahl wird errechnet, indem die über alle Endkunden kumulierte Dauer von Versorgungsunterbrechungen pro Jahr durch die kumulierte Gesamtanzahl der von der Stromversorgung abgetrennten Endkunden pro Jahr dividiert wird. Deshalb entspricht der CAIDI auch der Division von SAIDI und SAIFI, siehe (3). Der CAIDI wird häufig in Minuten angegeben.

$$CAIDI = \frac{\sum_{i=0}^{i=n} \Delta T_i}{n_{int}} = \frac{SAIDI}{SAIFI} \tag{3}$$

Für weiterführende Hintergründe zu diesen Kennzahlen siehe Dhillon (2007).

Abbildung 2 zeigt einen Überblick von SAIDI-Werten und Abbildung 3 einen Überblick von SAIFI-Werten in europäischen Ländern von 2007 bis 2010. Die Darstellungen zeigen, dass die deutsche Elektrizitätsversorgung im europäischen Vergleich ein sehr hohes Maß an Zuverlässigkeit hat. Die *Galvin Electricity Initiative* (2011) gibt an, dass in den USA im Jahr 2007 ein SAIDI von 240 Minuten bei einem SAIFI von 1,5 vorlag. Auch über einen europäischen Vergleich hinaus hat Deutschland international betrachtet ein sehr hohes Maß an Versorgungssicherheit.

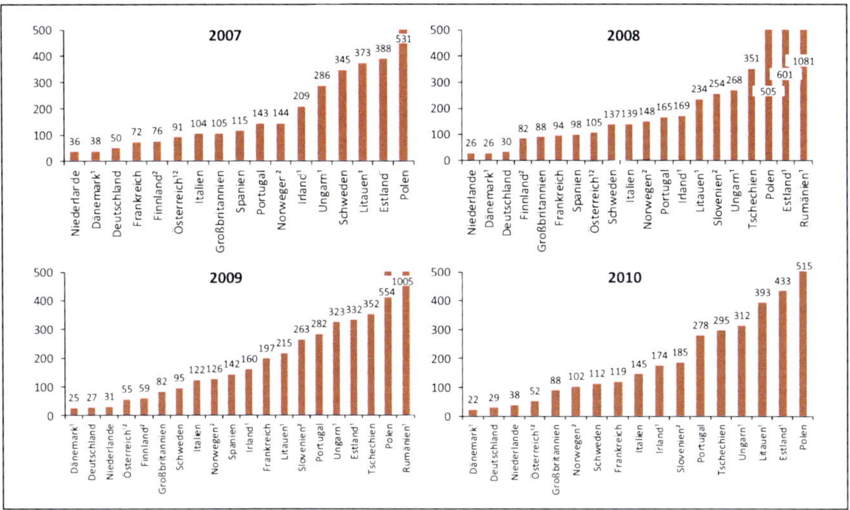

1 – SAIDI-Werte ohne Unterbrechungen in den Höchstspannungsnetzen
2 – SAIDI-Werte ohne Unterbrechungen in den Niederspannungsnetzen

Abbildung 2: SAIDI-Werte 2007-2010 in Europa (geplante und ungeplante Unterbrechungen länger als drei Minuten). Datenquelle: CEER (2012)

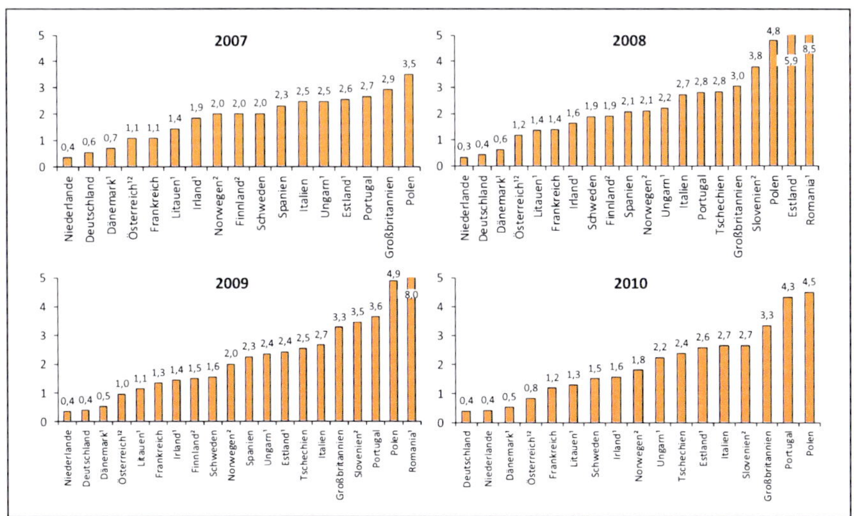

1 – SAIFI-Werte ohne Unterbrechungen in den Höchstspannungsnetzen
2 – SAIFI-Werte ohne Unterbrechungen in den Niederspannungsnetzen

Abbildung 3: SAIFI-Werte 2007-2010 in Europa (geplante und ungeplante Unterbrechungen länger als drei Minuten). Datenquelle: CEER (2012)

Tabelle 1:   SAIDI-, SAIFI- und CAIDI-Kennzahlen für Deutschland in 2007-2010 für Unterbrechungsdauern von länger als drei Minuten

	2007	2008	2009	2010
SAIDI	**49,52**	**30,13**	**26,82**	**28,92**
ungeplant ohne höhere Gewalt	19,25	16,89	14,63	14,90
geplant	13,85	13,17	11,53	9,65
höhere Gewalt	16,42	0,07	0,66	4,37
SAIFI	**0,56**	**0,43**	**0,40**	**0,39**
ungeplant ohne höhere Gewalt	0,33	0,32	0,29	0,26
geplant	0,13	0,10	0,10	0,09
höhere Gewalt	0,10	0,01	0,01	0,04
CAIDI	**88,43**	**70,07**	**67,05**	**74,15**
ungeplant ohne höhere Gewalt	58,33	52,78	50,45	57,31
geplant	106,54	131,70	115,30	107,22
höhere Gewalt	164,20	7,00	66,00	109,25

Tabelle 1 gibt die untersuchten Kennzahlen für Deutschland genauer aufgeschlüsselt wieder. Dort sind ebenfalls die CAIDI-Werte aufgeführt. Bei einer angenommenen Gleichverteilung der Betroffenen für eine Unterbrechung kann somit mit einer Wahrscheinlichkeit von 0,39 (SAIFI) gerechnet werden, dass ein Endkunde 2010 eine Unterbrechung erfahren hatte. 2010 hatte demnach jeder 2,6. Endkunde (Kehrwert vom SAIFI) eine Versorgungsunterbrechung. Diese dauerte im Durchschnitt schließlich 74 Minuten (CAIDI) an. Bei der Interpretation des SAIFI und des CAIDI muss jedoch berücksichtigt werden, dass Kurzunterbrechungen unter einer Dauer von drei Minuten nicht in den Statistiken erfasst werden. Im Gegensatz zum SAIDI, der relativ robust gegenüber Kurzunterbrechungen ist, ist der Einfluss von Kurzunterbrechungen sehr hoch auf den SAIFI und damit auch auf den CAIDI.

2.2 Aufbau und Betrieb der Elektrizitätsversorgung

Damit im weiteren Verlauf dieser Arbeit auf ein fundiertes Verständnis der elektrischen Versorgungssicherheit aufgebaut werden kann, ist zunächst ein grundlegendes Wissen der Technik und der Organisation der Elektrizitätsversorgung notwendig. In diesem Abschnitt werden dafür einige wichtige technische und organisatorische Grundlagen der konventionellen Stromversorgung vorgestellt.

Elektrizität ist ein quasi nichtlagerbares Gut und wird deshalb zeitgleich in Generatoren erzeugt, über Leitungen und Netze transportiert beziehungsweise verteilt und schließlich bei den Konsumenten verbraucht. Diese notwendige Gleichzeitigkeit stellt deshalb auch besondere Anforderungen, um die Versorgung zu sichern. In den europäischen Stromnetzen wird deshalb das sogenannte $(n - 1)$-Kriterium eingesetzt. Dieses Kriterium besagt, dass die Versorgung zu jedem Zeitpunkt aufrechterhalten werden kann, selbst wenn eine beliebige Komponente des Netzes ausfällt wie beispielsweise ein Erzeuger oder eine Leitung.

Üblicherweise wird Elektrizität aufgrund der rotierenden Turbinen in Kraftwerken als Wechselstrom erzeugt. In konventionellen Kraftwerken erzeugter Strom hat üblicherweise eine Spannung zwischen 6 und 21 Kilovolt (kV). Ein Teil der erzeugten elektrischen Energie geht allerdings aufgrund von spezifischen Leitungswiderständen beim Transport und der Verteilung in Form von Wärmeenergie verloren. Um diese Verluste zu minimieren, wird die elektrische Spannung des Wechselstroms in Transformatoren auf bis zu 380 kV erhöht und erst dann zu den Verbraucherzentren transportiert. Diese Maßnahme ist wirtschaftlicher als die Verwendung von teuren Materialien mit niedrigerem spezifischem Widerstand für die Leitungen. Da solche hohen Spannungen aber für Endverbraucher generell nicht geeignet sind (Haushalte werden beispielsweise mit einer Spannung von 230 bzw. 400 Volt versorgt), wird die Spannung vor der Verteilung in weiteren Transformatoren stufenweise heruntergeregelt. Um elektrische Verluste möglichst gering zu halten, geschieht dies möglichst verbrauchernah. Insgesamt wird die Verbindung der einzelnen Spannungsebenen in Deutschland laut Angaben des VDN (2003) mit rund 557.500 Transformatoren sichergestellt.

Im deutschen Stromnetz werden dabei je nach den Betriebsspannungen vier Spannungsebenen unterschieden. Die Abgrenzungen der unterschiedlichen Netzspannungen unterscheiden sich in der Literatur jedoch gelegentlich. Im Allgemeinen werden jedoch folgende Spannungsgrenzen zur Unterscheidung der Netze verwendet:

- Das Höchstspannungsnetz hat eine Spannung von 380 bzw. 220 kV und dient der überregionalen Verteilung beispielsweise in europäische Nachbarländer oder an sehr große Industriebetriebe.

- Die Hochspannungsnetze werden mit einer Spannung von 110 kV betrieben. Sie dienen der Versorgung größerer Gebiete, der Eisenbahnen und lokaler Stromversorger. Die Hochspannungsnetze werden aus den Höchstspannungsnetzen, sowie aus Kraftwerken gespeist.

- Die Mittelspannungsnetze werden mit einer Spannung von unter 110 kV betrieben. Sie versorgen lokale Stromversorger und Industrie bzw. größere Gewerbebetriebe.

- Die Niederspannungsnetze versorgen vor allem Haushalte, kleinere Gewerbebetriebe und Landwirtschaftsbetriebe mit Spannungen von 400 bzw. 230 V.

In den verschiedenen Spannungsebenen wird Strom somit ein- und ausgespeist. Im konventionellen Energiesystem erfolgt die Versorgung dabei üblicherweise unidirektional. In Abbildung 4 sind die unterschiedlichen konventionellen Ein- und Ausspeisungen in den jeweiligen Spannungsebenen schematisch dargestellt.

Tendenziell speisen die Kraftwerke dabei Elektrizität in die hohen Spannungsebenen ein, siehe Abbildung 5. In Deutschland ist so zum März 2013 für die Versorgung eine installierte Kraftwerksleistung von rund 86,1 Gigawatt (GW) in Betrieb (ohne Pumpspeicherkraftwerke).

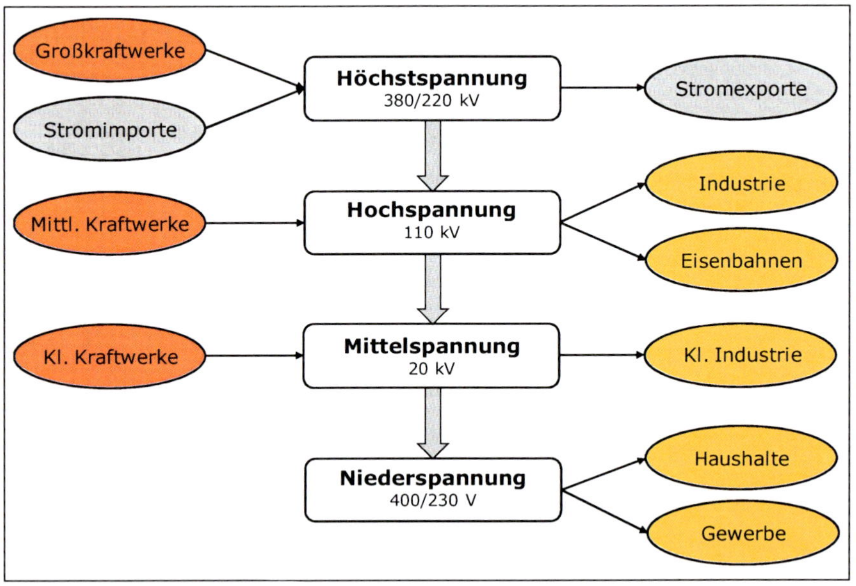

Abbildung 4: Schematischer Aufbau der konventionellen Elektrizitätsversorgung in Deutschland

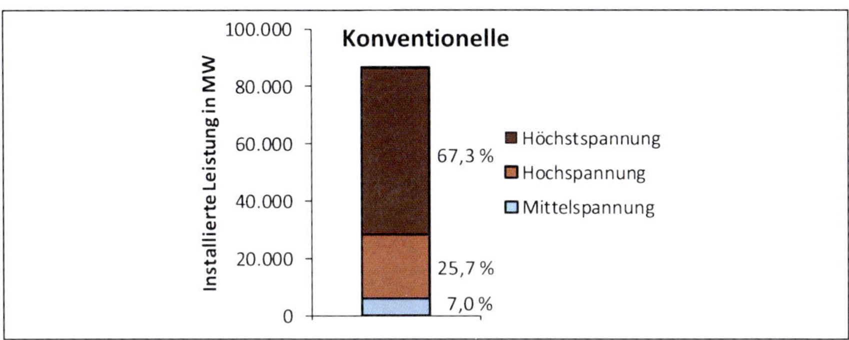

Abbildung 5:   Installierte Leistung konventioneller Kraftwerke im Betrieb (größer als 10 MW) nach Spannungsebenen. Datenquelle: Bundesnetzagentur, Stand 27.03.2013

Die Verbrauchslast für das Jahr 2012 ist in Abbildung 6 in Form einer geordneten Jahresdauerlinie dargestellt. Dieser ist zu entnehmen, dass die Spitzenlast ungefähr 82,8 GW und die Grundlast ungefähr 32,4 GW beträgt. Aus den Netzen der oberen Spannungsebenen sind 2010 28,3 Terawattstunden (TWh) an elektrischer Energie entnommen worden, während in den unteren Spannungsebenen 439,7 TWh an elektrischer Energie entnommen wurden, siehe Tabelle 2.

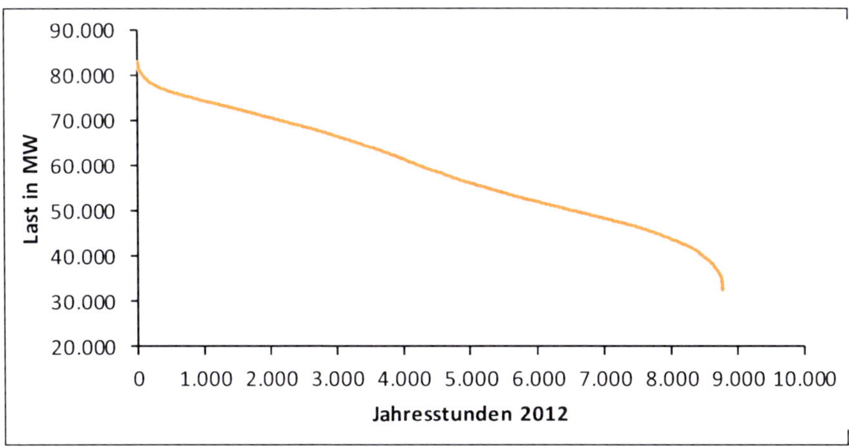

Abbildung 6:   Geordnete Jahresdauerlinie für 2012. Datenquelle: korrigierte stündliche Lastdaten von ENTSO-E

Tabelle 2: Struktur der Übertragungs- und Verteilnetze. Quelle: Bundesnetzagentur (2010)

	Übertragungsnetze	Verteilnetze
Anzahl der Netzbetreiber	4	866
Stromkreislänge	34.954 km	1.696.742 km
davon:		
Höchstspannung (ca. 380/220 kV)	34.829 km	300 km
Hochspannung (ca. 110 kV)	125 km	76.774 km
Mittelspannung (unter 110 kV)	-	497.005 km
Niederspannung (ca. 230/400 V)	-	1.122.663 km
Anzahl der Letztverbraucher	145	48.196.504
Entnahmemengen	28,3 TWh	439,7 TWh

Außer der Unterscheidung der Stromnetze in diese vier Spannungsebenen werden Stromnetze außerdem auch in Übertragungs- und Verteilungsnetze unterschieden. Tabelle 2 zeigt die Struktur der Übertragungs- und Verteilnetze im Jahr 2010. Wie aus dieser Tabelle ersichtlich wird, sind vier Betreiber hauptsächlich für die Höchstspannungsnetze verantwortlich, die für den Transport der elektrischen Energie über große Distanzen verwendet werden. Dagegen sind rund 900 Betreiber hauptsächlich für die Netze der niedrigeren Spannungsebenen zuständig, um die elektrische Energie an die Verbraucher lokal zu verteilen. Die deutschen Übertragungsnetze sind des Weiteren Bestandteil eines europäischen Verbundnetzes. Die Betreiber der Übertragungsnetze, die Bestandteil des west- und mitteleuropäischen Verbundnetzes sind, gehören dem sogenannten *European Network of Transmission System Operators for Electricity* (kurz ENTSO-E) an. Der Zusammenschluss mehrerer Übertragungsnetze dient insbesondere dem überregionalen und grenzüberschreitenden Austausch größerer Energiemengen.

Für eine sichere Versorgung der Anschlusskunden mit Elektrizität ist das Zusammenwirken von einer Vielzahl unterschiedlicher Akteure entlang der gesamten Wertschöpfungskette erforderlich. Die unterschiedlichen Akteure erbringen für die Sicherstellung einer zuverlässigen Versorgung sogenannte Systemdienstleistungen. Dieses Zusammenwirken der Akteure und der Erbringung von Systemdienstleistungen bedarf allerdings einer Koordination für einen optimalen und zuverlässigen Versorgungsbetrieb. Gegenwärtig sind die Betreiber der Übertragungsnetze per Gesetz dazu verpflichtet, die Systemverantwortung zu übernehmen, siehe § 13 Gesetz über die Elektrizitäts- und Gasversorgung (EnWG (2005)). Somit stehen die Übertragungsnetzbetreiber in der Pflicht, sicherzustellen, dass diese Systemdienstleistungen in ausreichendem Maße erbracht werden. Der Großteil der übrigen Akteure ist dazu verpflichtet, die jeweiligen Übertragungsnetzbetreiber bei den Aufgaben zur Sicherung der Versorgungszuverlässigkeit zu unterstützen. Zu den Systemdienstleistungen gehören zum Beispiel Maßnahmen der Frequenz- und Spannungshaltung, Maßnahmen zur Sicherstellung einer ungestörten Betriebsführung und im Bedarfsfall auch Maßnahmen für einen koordinierten Wiederaufbau der Elektrizitätsversorgung. Im Folgenden werden einige dieser Systemdienstleistungen näher erläutert.

Wie bereits zu Eingang dieses Abschnittes beschrieben, handelt es sich bei Elektrizität um ein nicht-speicherbares Gut. Dies impliziert, dass sämtliche Bilanzkreise in der Ein- und Ausspeisung zu jedem Zeitpunkt stets einen ausgeglichenen Saldo haben müssen. Das europäische Verbundnetz wird hauptsächlich mit Wechselstrom bei einer Frequenz von 50 Hertz (Hz) betrieben. Bei einem Leistungsüberschuss nimmt die Netzfrequenz zu und es entstehen positive Abweichungen von dieser Soll-Netzfrequenz. Bei einem Leistungsdefizit nimmt die Netzfrequenz hingegen ab und es kommt zu negativen Abweichungen von der Soll-Netzfrequenz. Eine Abweichung von dieser Soll-Frequenz kann letztendlich zur Beschädigung von angeschlossenen elektrischen Anlagen führen und ist deshalb mit sehr teuren Materialschäden verbunden. Damit die Netzfrequenz innerhalb eines akzeptablen Bands bleibt, müssen die Übertragungsnetzbetreiber gegebenenfalls in den laufenden Versorgungsbetrieb eingreifen. Über- oder unterschreitet die Netzfrequenz bestimmte definierte Werte, so setzen die Übertragungsnetzbetreiber kurzfristig sogenannte Regelleistung ein, um die Netzfrequenz wieder zu stabilisieren. Derzeit werden von den Übertragungsnetzbetreibern ungefähr 7.000 MW und 5.500 MW negativer Regelleistung ausgeschrieben und vorgehalten. Positive Regelleistung kann erbracht werden, indem die Erzeugung gesteigert oder der geplante Verbrauch reduziert wird. Negative Regelleistung wird erbracht, wenn der Verbrauch gesteigert oder die geplante Erzeugung reduziert wird. Bereits bei absoluten Abweichungen von 0,02 Hz gegenüber der Sollfrequenz von 50 Hz wird Regelleistung eingesetzt. Die jeweilige gesamte Regelleistung wird ab Abweichungen von 0,20 Hz abgerufen, siehe ENTSO-E (2009). Das Verbundnetz befindet sich innerhalb dieser Frequenzen zwischen 49,2 und 50,2 Hz im Normalbetrieb. Bei Abweichungen, die größer als 0,20 Hz sind, werden Notfallmaßnahmen zur Stabilisierung des Netzes ergriffen. Bei Überfrequenzen ab 51,5 Hz werden Erzeugungsanlagen vom Netz abgetrennt. Im umgekehrten Fall, also bei Unterfrequenzen, greift der sogenannte Fünf-Stufen-Plan nach VDN (2007), siehe Tabelle 3.

Tabelle 3:   Fünf-Stufen-Plan nach VDN (2007)

Stufe	Netzfrequenz	Maßnahme
1	< 49,8 Hz	Alarmierung des Personals und Einsatz der noch nicht mobilisierten Erzeugungsleistung auf Anweisung des Übertragungsnetzbetreibers, Abwurf von Pumpen.
2	< 49,0 Hz	Sofortiger Lastabwurf von 10-15 % der Netzlast.
3	< 48,7 Hz	Sofortiger Lastabwurf von weiteren 10-15 % Netzlast
4	< 48,4 Hz	Sofortiger Lastabwurf von weiteren 10-15 % Netzlast
5	< 47,5 Hz	Abtrennen aller Erzeugungsanlagen vom Netz

Im Falle sehr großer Leistungsungleichgewichte zerfällt das Verbundnetz schließlich in mehrere kleinere Inselnetze, damit die Ausbreitung von kaskadenartigen Stromausfällen möglichst vermieden werden kann. Um die Versorgung nach einem solchen Zerfall wieder aufnehmen zu können, müssen die Inselnetze wieder auf die gemeinsamen Spannungs- und Frequenz-Zielwerte geführt werden, bevor sie wieder in einen Verbund zusammengeschlossen werden können. Als Systemverantwortlicher erstellt der Übertragungsnetzbetreiber für den Fall von großflächigen Versorgungsunterbrechungen ein Netzwiederaufbaukonzept. Hierfür müssen ausreichende schwarzstartfähige Erzeugungskapazitäten zur Verfügung stehen, die auch ohne von außen vorgegebene Merkmale (Spannung, Frequenz) in der Lage sind, in das Netz einzuspeisen, siehe 50 Hertz (2008). Der Übertragungsnetzbetreiber schließt dazu bilateral Verträge mit den entsprechenden Kraftwerken (üblicherweise Gasturbinenkraftwerke oder Pumpspeicherkraftwerke). Falls diese Kraftwerke an das Netz eines Verteilnetzbetreibers angeschlossen sind, muss der entsprechende Verteilnetzbetreiber in diesen Prozess integriert werden. Für weiterführende Informationen zu diesem Thema siehe den *Distribution Code* vom VDN (2007).

Aufgrund von Induktivität und Kapazität in den Stromnetzen stellt auch die Konstanthaltung der jeweiligen Netzspannungen eine technische Herausforderung dar. Um in einem Wechselstromsystem die Spannung innerhalb der definierten Grenzen halten zu können, ist die Verschiebung der Strom- und Spannungsphasen um bestimmte Phasenwinkel notwendig. Für diese Phasenverschiebungen sind in einem konventionellen System bisher vor allem Synchrongeneratoren (rotierende Massen) von großen Kraftwerken zuständig. Diese stellen heutzutage hauptsächlich die sogenannte Blindleistung für das Netz bereit und regulieren dadurch die Spannung. Damit die Spannung effizient gehalten werden kann, müssen Einspeisungen von Blindleistung dabei gezielt im erforderlichen Ausmaß und an den richtigen Stellen des Netzes erfolgen. Der Übertragungsnetzbetreiber koordiniert hierfür die Akteure, die Blindleistung anbieten können.

Beim Betrieb der Übertragungsnetze können Engpässe in den Leitungen auftreten, die den Transport von Elektrizität erschweren. Ein wesentlicher Bestandteil für die Betriebsführung der Netze ist das Management solcher Netzengpässe. Eine Möglichkeit, prognostizierte Netzengpässe präventiv zu vermeiden oder zumindest abzuschwächen, ist der Einsatz von sogenannten *Redispatch*-Maßnahmen.

Der VDN (2007) definiert *Redispatch* folgendermaßen:

> Unter *Redispatch* versteht man die präventive oder kurative Beeinflussung von Erzeugerleistung durch den Übertragungsnetzbetreiber, mit dem Ziel, kurzfristig auftretende Engpässe zu vermeiden oder zu beseitigen.

Somit wird bei einem *Redispatch* die Einspeisung in dem Bilanzkreis vor dem Netzengpass gedrosselt und die Einspeisung in einem Bilanzkreis hinter dem Netzengpass erhöht und somit der Bedarf an zu transportierender elektrischer Leistung gemindert.

2.3 Elektrizitätsversorgung mit erneuerbaren Energien

Nachdem die Grundzüge des Aufbaus und Betriebs der Elektrizitätsversorgung erläutert wurden, wird in diesem Abschnitt die Elektrizitätsversorgung mit erneuerbaren Energien erläutert. Als Beitrag zum Klimaschutz hat die Regierung die Ausbauziele formuliert, dass der Anteil von erneuerbaren Energien an der Elektrizitätsversorgung auf mindestens 35 Prozent bis 2020, 50 Prozent bis 2030, 65 Prozent bis 2040 und schließlich 80 Prozent bis 2050 ansteigen soll.

In Abbildung 7 ist die Entwicklung des Anteils erneuerbarer Energien im Elektrizitätssektor und der spezifischen CO_2-Emissionen des Strommixes in den letzten Jahren dargestellt. Dabei ist erkennbar, dass mit der Zunahme des Anteils erneuerbarer Energien auch die spezifischen CO_2-Emissionen gesunken sind.

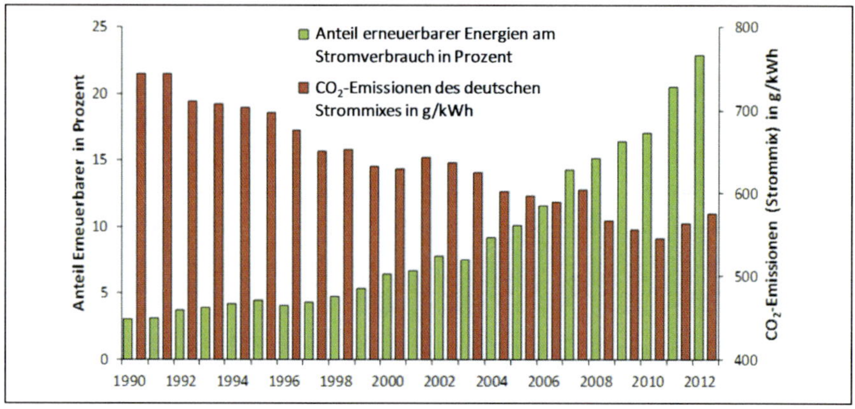

Abbildung 7:   Entwicklung des Anteils erneuerbarer Energien in Grün (linke Achse) und der spezifischen CO_2-Emissionen im Stromsektor in Rot (rechte Achse). Datenquelle: BMWi

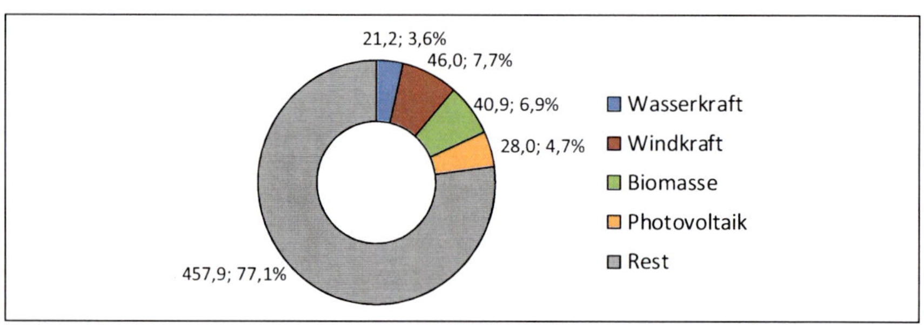

Abbildung 8:   Elektrizitätserzeugung im Jahr 2012 in TWh und Prozent. Datenquelle: BNetzA und BMU

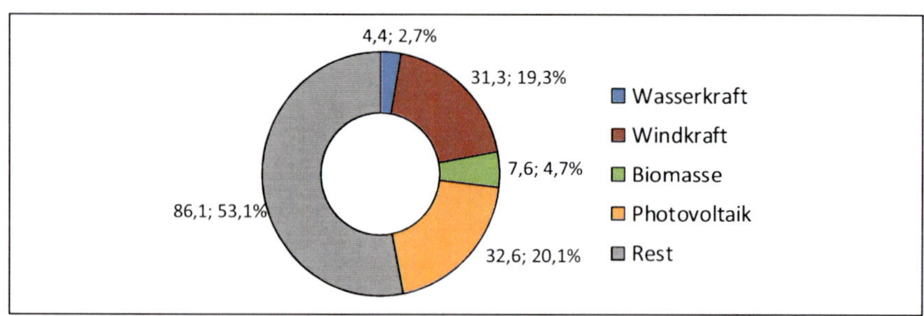

Abbildung 9:   Installierte Stromerzeugungskapazitäten im Betrieb Ende 2012 in GW und Prozent. Datenquelle: BNetzA und BMU

In Abbildung 8 ist die Elektrizitätserzeugung im Jahr 2012 abgebildet. Dort wird ersichtlich, dass erneuerbare Energien bereits heute einen Anteil von rund 22,9 Prozent an der Bruttostromerzeugung haben. Abbildung 9 zeigt die installierten Erzeugungskapazitäten zum Ende des Jahres 2012, die derzeit im Betrieb sind. Obwohl Windkraft- und Photovoltaikanlagen in der Erzeugung lediglich einen Anteil von 12,4 Prozent haben, beträgt deren Anteil an den Erzeugungskapazitäten zusammen 39,4 Prozent.

Ein Vergleich mit der geordneten Jahresdauerlinie aus dem Jahr 2012 (siehe Abbildung 6) zeigt, dass alleine die Kapazitäten dieser beiden Anlagentypen bereits einen beachtlichen Anteil an der Spitzenlast haben, die bei knapp 83 GW liegt.

2.4 Herausforderungen für die Versorgungssicherheit durch die Integration erneuerbarer Energien

Kraftwerke erzeugen Elektrizität nur dann, wenn die erzeugte Menge mindestens mit einem Betrag vergütet wird, der den kurzfristigen Grenzkosten der Erzeugung entspricht. Windkraft- und Photovoltaikanlagen besitzen in der Elektrizitätserzeugung jedoch quasi keine Grenzkosten und können Elektrizität (sogar unabhängig von festen Einspeisevergütungen) bis zu einem Strompreis von null quasi unabhängig von der tatsächlichen momentanen Nachfrage einspeisen. Stattdessen ist die Erzeugung aus diesen Anlagen lediglich abhängig von meteorologischen Bedingungen wie beispielsweise der Windrichtung und Windgeschwindigkeit beziehungsweise der Sonnenscheindauer und dem Bewölkungsgrad. Hierdurch können signifikante Diskrepanzen zwischen Angebot und Nachfrage entstehen, die aus Gründen der Frequenzhaltung harmonisiert werden müssen. Daraus ergeben sich wesentliche Herausforderungen für die Versorgungssicherheit. Um Elektrizität dennoch aus Anlagen erneuerbarer Energien erzeugen zu können, sind im Allgemeinen somit drei Möglichkeiten vorhanden:

- In Zeiten schwacher Erzeugung aus Windkraft- und Photovoltaikanlagen und starker Elektrizitätsnachfrage erzeugen weiterhin fossile Kraftwerke den Strom.

  Durch den Einsatz von fossilen Kraftwerken wird allerdings weiterhin Kohlendioxid (CO_2) emittiert, so dass diese Option bei den definierten steigenden CO_2-Vermeidungszielen ab einer gewissen Schwelle möglicherweise nicht mehr zur Verfügung steht.

- In Zeiten starker Erzeugung aus Windkraft- und Photovoltaikanlagen und schwacher Elektrizitätsnachfrage wird die elektrische Energie in andere Energieformen gewandelt und zwischengespeichert, um diese in Zeiten schwacher Erzeugung und starker Nachfrage verbrauchen zu können.

  In diesem Fall müssten Stromspeicher, wie beispielsweise Pumpspeicher oder Akkumulatoren, im großen Maßstab gebaut werden, um gegebenenfalls die gesamte Nachfrage daraus decken zu können. Allerdings ist das wirtschaftliche Potenzial für Pumpspeicherkraftwerke in Deutschland weitgehend ausgeschöpft. Auch die Investitionskosten von Akkumulatoren oder anderer Speicher sind derzeit noch sehr hoch.

- Ein Paradigmenwechsel im Verbraucherverhalten findet statt, bei dem Elektrizität nicht mehr vorwiegend flexibel erzeugt wird (abhängig von dem Verbrauch), sondern stattdessen vorwiegend flexibel verbraucht wird (abhängig von der Erzeugung).

  Elektrizität wäre demzufolge überwiegend nur in den Zeiten verfügbar, wenn der Wind weht oder die Sonne scheint. Verbraucher würden in wind- und sonnenschwachen Perioden abgeschaltet werden müssen und Unterbrechungen in der Elektrizitätsversorgung erfahren.

Soll der Pfad an CO_2-Reduktionszielen im Elektrizitätssektor bis hin zu einer vollständig regenerativen Erzeugung jedoch beibehalten werden, kommen somit nur die letzten beiden Optionen ernsthaft in Betracht. Ehlers (2011) hat in seiner Arbeit die wirtschaftlichen Aspekte der ersten beiden Optionen detailliert untersucht. Ein Ergebnis seiner Untersuchungen ist, dass die Systemkosten für eine Integration von Stromspeichern sehr hoch sind. Ein wesentlicher Schwerpunkt dieser Arbeit stellt eine Untersuchung der wirtschaftlichen Aspekte der dritten Option, also von Versorgungsunterbrechungen, dar.

Darüber hinaus stellt die Integration der erneuerbaren dargebotsabhängigen Energien jedoch auch weitere Herausforderungen an die Versorgungssicherheit, die im Folgenden erläutert werden sollen.

Durch die Struktur der EEG-Vergütungen werden EEG-Anlagen außerdem hauptsächlich an Standorten gebaut, wo die erwartete absolute Energiemenge und damit die auch erwartete finanzielle Vergütung am höchsten sind, siehe Dittmar (2011). Windkraftanlagen werden deshalb überwiegend im Norden gebaut, wo die Winderträge tendenziell am höchsten sind. Photovoltaikanlagen hingegen werden überwiegend im Süden gebaut, siehe Abbildung 10. Erneuer-

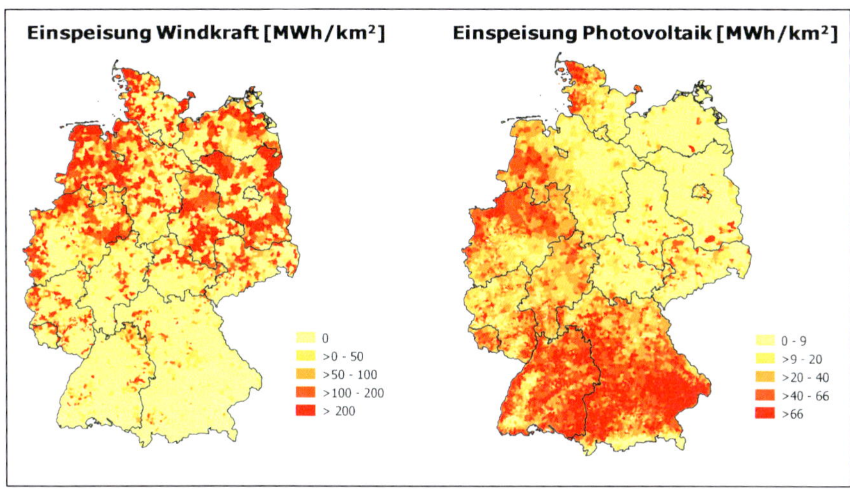

Abbildung 10: Geographische Verteilung der Einspeisung von Wind- und Photovoltaik-strom in 2010. Quelle: Dittmar (2011)

bare Anlagen werden im Gegensatz zu konventionellen Kraftwerken geographisch somit häufig nicht dort gebaut, wo der Verbrauch am höchsten ist. Weil die bestehende Netzinfrastruktur allerdings darauf ausgelegt ist, dass konventionelle Erzeuger in relativer Nähe zu den Verbrauchern stehen, ergeben sich schon heute aufgrund der Einspeisung erneuerbarer Energien Netzengpässe. Diese Netzengpässe müssen von den Übertragungsnetzbetreibern als Systemverantwortliche beispielsweise durch *Redispatches* wirtschaftlich minimiert werden. Abbildung 11 zeigt die *Redispatches* in Abhängigkeit von der Einspeisung von Windstrom im Jahr 2012 in der Regelzone des Übertragungsnetzbetreibers 50 Hertz Transmission GmbH. Dabei ist ein deutlicher Zusammenhang zwischen *Redispatches* und Einspeisung von Windstrom zu erkennen.

Durch den Zubau erneuerbarer Energien stoßen die für den konventionellen Kraftwerkspark ausgelegten Übertragungsnetze somit zunehmend an ihre Grenzen. Bei einem weiteren Ausbau der erneuerbaren Energien muss deshalb ebenfalls in den Ausbau der Übertragungsnetze investiert werden, um die geographischen Diskrepanzen zwischen Erzeugung und Verbrauch zu überwinden.

Neben den geographischen Differenzen unterscheiden sich die Erzeugungsanlagen aus konventionellen und dargebotsabhängigen Systemen auch technisch stark voneinander. Durch diese Unterschiede ergeben sich teilweise große Herausforderungen für die Versorgungssicherheit.

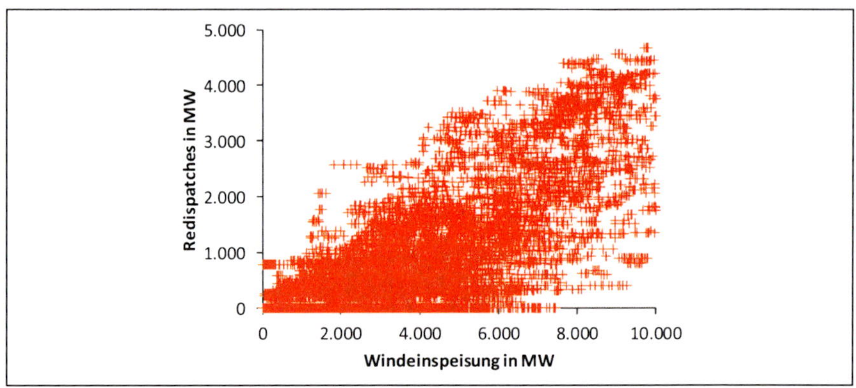

Abbildung 11:   *Redispatches* in Abhängigkeit der Windeinspeisung im Jahr 2012 in der Regelzone von 50 Hertz Transmission

Wie bereits in den vorigen Abschnitten erwähnt, speisen konventionelle Erzeuger tendenziell in die Netze hoher Spannungsebenen ein. Erneuerbare Erzeuger sind jedoch in der Regel wesentlich kleiner als konventionelle Erzeuger und speisen Elektrizität deshalb in die Netze niedrigerer Spannungsebenen ein. In Abbildung 12 ist der kumulierte monatliche Zubau an installierter Leistung *On-shore*-Windkraftanlagen nach angeschlossenen Spannungsebenen dargestellt. Dabei ist erkennbar, dass die Einspeisung dieser Anlagen tendenziell in den Hoch- und Mittelspannungsnetzen erfolgt. In Abbildung 13 ist der kumulierte monatliche Zubau an installierter Leistung Photovoltaikanlagen nach ange-schlossenen Spannungsebenen dargestellt. Hier ist erkennbar, dass die Einspei-sung von Photovoltaikanlagen tendenziell in den Netzen der Nieder- und Mit-telspannung erfolgt.

Mit zunehmender Einspeisung in die Netze unterer Spannungsebenen wer-den zukünftig voraussichtlich auch die Verteilnetze ausgebaut werden müssen. Aus einem System, das eigentlich für eine unidirektionale Versorgung ausgelegt ist, muss deshalb zunehmend ein System werden, welches eine bidirektionale Versorgung ermöglicht, siehe Abbildung 14. Weil die Verteilnetze aber wesent-lich länger sind als die Übertragungsnetze, siehe Tabelle 2, ist zu erwarten, dass dieser Ausbaubedarf teurer sein wird als bei den Übertragungsnetzen.

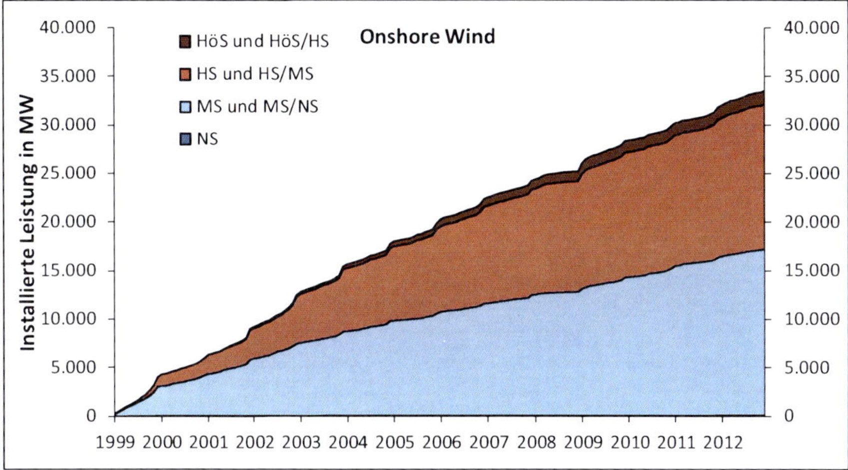

Abbildung 12: Kumulierter monatlicher Zubau an installierter Leistung von *Onshore*-Windkraftanlagen nach Spannungsebenen. Datenquelle: EEG-Stammdaten 2012

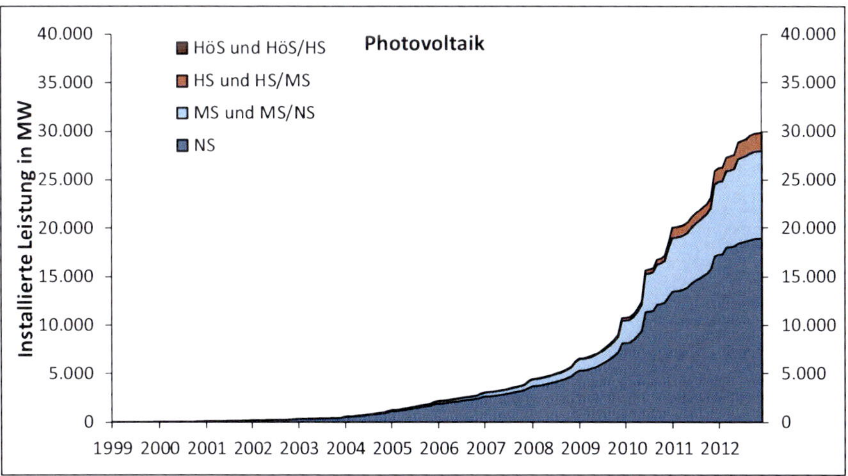

Abbildung 13: Kumulierter monatlicher Zubau an installierter Leistung von Photovoltaikanlagen nach Spannungsebenen. Datenquelle: EEG-Stammdaten 2012

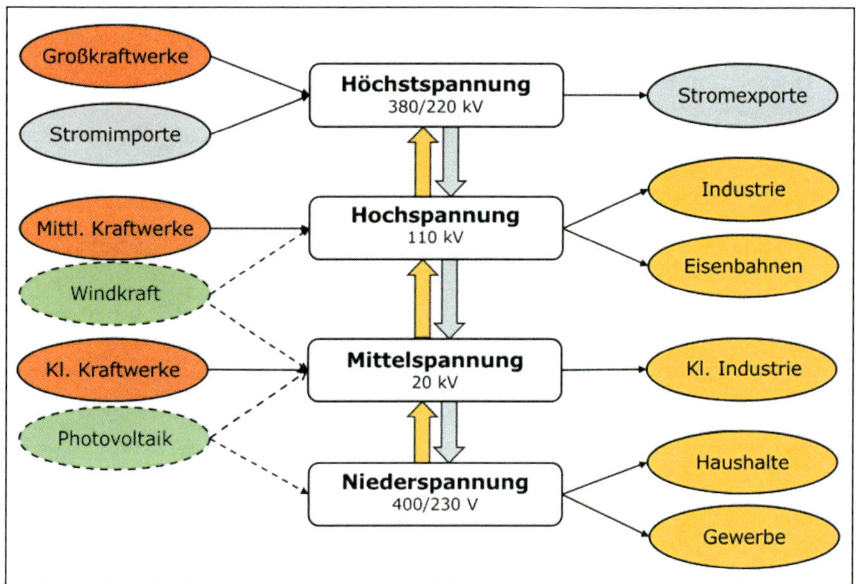

Abbildung 14: Schematischer Aufbau der zukünftigen Elektrizitätsversorgung in Deutschland

Eine weitere wesentliche Schwierigkeit aufgrund dieser Bidirektionalität liegt in der Organisation zur Sicherung der Elektrizitätsversorgung. Die Erzeugung aus wenigen großen Anlagen in den hohen Spannungsebenen wird immer häufiger durch eine Erzeugung aus vielen kleinen Anlagen in den niedrigeren Spannungsebenen substituiert. Die vier systemverantwortlichen Übertragungsnetzbetreiber müssen sich infolgedessen verstärkt mit den rund 900 Verteilnetzbetreibern und den zahlreichen kleinen Betreibern von Anlagen erneuerbarer Energien koordinieren, um ihrer Systemverantwortung nachzukommen. Aus diesem Grund ist zu erwarten, dass die organisatorische Komplexität für Versorgungssicherheit in Zukunft wesentlich ansteigen wird. Im Folgenden wird kurz auf einige organisatorische Schwierigkeiten bei der Erbringung und Koordination von Systemdienstleistungen eingegangen.

Großkraftwerke eignen sich bisher besonders gut für die Erbringung von Systemdienstleistungen wie Frequenz- oder Spannungshaltung. Vor allem die großen rotierenden Massen der Turbinen haben aufgrund ihrer physikalischen Trägheiten eine stabilisierende Wirkung auf Netzfrequenz und Netzspannungen. Allerdings wird es künftig weniger solcher Großkraftwerke geben (beispielsweise durch das Kernenergiemoratorium). Hierdurch wird die Beibehaltung des derzeitigen Niveaus an Versorgungssicherheit schwieriger, siehe Bundesnetzagentur (2011). Windkraft- und Photovoltaikanlagen speisen Elektrizität über Wechselrichter in die Netze ein. Windkraftanlagen erzeugen zwar Wechselstrom, dieser ist jedoch je nach Wind zu irregulär für eine direkte Einspeisung in die Stromnetze. So wird dieser zunächst über Gleichrichter in Gleichstrom und über Wechselrichter schließlich in Wechselstrom mit bisher vorkonfigurierten Merkmalen bezüglich Frequenz und Spannung eingespeist. Aufgrund dieser Vorkonfigurationen können sich über Wechselrichter einspeisende Erzeuger gegenwärtig häufig nur stark begrenzt an der Erbringung von Systemdienstleistungen wie der Frequenz-, der Spannungshaltung oder der Schwarzstartfähigkeit beteiligen.

Dieses Kapitel hat aufgezeigt, dass eine zunehmend regenerative Elektrizitätsversorgung wesentliche technische, organisatorische und wirtschaftliche Herausforderungen an die Versorgungssicherheit stellt und stellen wird. Damit wird das Halten desselben Sicherheitsniveaus wie bisher in Zukunft voraussichtlich teurer.

3 Theoretische Hintergründe der elektrischen Versorgungssicherheit

Nachdem im vorigen Kapitel die technischen und organisatorischen Aspekte der Elektrizitätsversorgung diskutiert wurden, werden in diesem Kapitel Grundlagen und Hintergründe der Versorgungssicherheit erläutert, um einen tiefergehenden Zugang zu der untersuchten Problematik zu ermöglichen. Dafür wird in Abschnitt 3.1 zunächst beschrieben, welche Ursprünge die Versorgungssicherheit von Energie hat und wie der Begriff Versorgungssicherheit in dieser Arbeit zu verstehen ist. Abschnitt 3.2 widmet sich den Zusammenhängen von Versorgungssicherheit und Wirtschaftlichkeit aus energiesystemischer Perspektive. Die wesentlichen Methoden zur Schätzung von Unterbrechungskosten werden in Abschnitt 3.3 vorgestellt und deren Vor- und Nachteile sowie geeignete Anwendungsgebiete diskutiert. Das Kapitel schließt im Abschnitt 3.4 mit einem kurzen Überblick über bisher durchgeführte Untersuchungen von Unterbrechungskosten ab.

3.1 Ursprung und Definition von Energieversorgungssicherheit

Die Ursprünge des Begriffs Energieversorgungssicherheit lassen sich Yergin (2006) zufolge historisch in den militärischen Kontext einordnen. Dabei stehen für die Nationen die Notwendigkeit im Vordergrund, sich taktisch wichtige Ressourcen wie beispielsweise Kohle oder Öl zu sichern. Dadurch sollen im Falle von Kriegen strategische Vorteile über die Gegner erzielt werden. Ein Charakteristikum von konventionellen Primärenergieträgern ist nämlich die geographisch ungleiche Verteilung. Ursprünglich ist Energieversorgungssicherheit deshalb ein Thema der nationalen Sicherheit.

Eine in diesem Zusammenhang historisch häufig genannte Begebenheit ist die damalige Entscheidung von Sir Winston Churchill vor Beginn des ersten Weltkriegs, die Brennstoffversorgung der Britischen Royal Navy von Kohle auf Öl umzustellen. Ölversorgte Kriegsschiffe haben verglichen mit kohleversorgten Kriegsschiffen höhere Fahrtgeschwindigkeiten und eine einfachere Logistik bei der Energieversorgung und waren damit gegenüber der Deutschen Marine im Vorteil. Allerdings brachte eine solche Umstellung von einer Kohle- auf Ölversorgung auch einen wesentlichen Nachteil mit sich. Während in Großbritannien selbst zu jenem Zeitpunkt große Kohlevorkommen vorhanden waren, musste Öl hauptsächlich aus dem damaligen Persien importiert werden. Dieser Zugang zum persischen Öl musste gesichert sein. Um die Ölversorgung zu sichern, wurde ein hoher Aufwand betrieben. Für weitergehende Informationen zu diesem Beispiel siehe die Arbeit von Dahl (2000).

Ein anderes historisches Ereignis ist die Ölkrise 1973. Als Reaktion auf die Unterstützung Israels durch die Vereinigten Staaten von Amerika und andere westliche Industriestaaten bei dem Yom-Kippur-Krieg verknappten die Mitgliedsstaaten der Organisation der arabischen Erdöl exportierenden Staaten (englisch kurz OAPEC) das Angebot an Erdöl durch Handelsembargos. Diese Verknappung des Angebots führte zu Preisschocks. Infolgedessen wurde 1974 die Internationale Energieagentur (kurz IEA) gegründet. Seitdem sind die IEA-Mitgliedsländer dazu verpflichtet, Erdöl mit einem Mindestvolumen äquivalent zu der Ölmenge, die innerhalb eines Zeitraums von 90 Tagen importiert wird, als Schutzmaßnahmen in Speichern vorzuhalten. Für weiterführende Informationen zu diesem Thema siehe IEA (2007).

Der Begriff Versorgungssicherheit ist, wie Winzer (2012) aufzeigt, allerdings nicht eindeutig belegt. So sollen zunächst drei unterschiedliche Definitionen von Versorgungssicherheit vorgestellt werden und schließlich eine inhaltliche Festlegung des Begriffs für den weiteren Gebrauch in dieser Arbeit stattfinden.

Folgende drei Definitionen von Versorgungssicherheit sind üblicherweise in der Literatur zu finden:

- Versorgungssicherheit ist die ausreichende physische Verfügbarkeit des Energieangebots zur Deckung der nachgefragten Energiemenge. (Beispiel: Winzer (2012))

- Versorgungssicherheit ist die Verfügbarkeit von angebotener Energie zu bezahlbaren Preisen. (Beispiel: Entwicklungsprogramm der Vereinten Nationen – *United Nations* (2000))

- Versorgungssicherheit ist die Verfügbarkeit von angebotener Energie zu bezahlbaren Preisen zu umweltfreundlichen Konditionen. (Beispiel: Chevalier (2006))

Wie unter anderem Erdmann und Zweifel (2007) beschreiben, gehört Versorgungssicherheit neben Wirtschaftlichkeit und Umweltverträglichkeit zu den drei Zielen von Energiepolitik, siehe Abbildung 1. Um Versorgungssicherheit von den beiden anderen Zielen der Energiepolitik abzugrenzen, wird als Definition für Versorgungssicherheit in dieser Arbeit die erste der drei vorgestellten Definitionen verwendet.

> Versorgungssicherheit ist die ausreichende physische Verfügbarkeit des Energieangebots zur Deckung der nachgefragten Energiemenge.

Wie bereits beschrieben, liegt der Fokus dieser Arbeit auf der Versorgungssicherheit von elektrischer Energie. Elektrische Energie ist im Gegensatz zu vielen anderen Energieformen jedoch quasi nicht-speicherbar und muss somit zeitgleich erzeugt, transportiert und verbraucht werden. Elektrische Versorgungssicherheit ist deshalb dann gegeben, wenn die physische Verfügbarkeit von Primärenergieträgern, Konversionskapazitäten und Versorgungs- und Verteilinfrastruktur in ausreichendem Maße vorhanden ist, um die nachgefragte Menge zu decken.

3.2 Nutzen von Versorgungssicherheit und Kosten von Versorgungsunterbrechungen

In Märkten, in denen das Angebot die Nachfrage nicht decken kann, entsteht ein Verlust von Konsumenten- und Produzentenrente. Dies gilt auch bei Unterbrechungen der Stromversorgung, siehe Abbildung 15. Als Konsumentenrente wird die Summe aller Differenzen zwischen Zahlungsbereitschaften (Nachfrage) und tatsächlich gezahlten Preisen für den Konsum eines Gutes bezeichnet. Als Produzentenrente wird die Summe aller Differenzen zwischen tatsächlich gezahltem Preis und Akzeptanzbereitschaften (Angebot) der jeweiligen Produzenten der Güter bezeichnet. Die relative Mengenänderung, die sich bei einer Preisänderung ergibt, entspricht dabei der Preiselastizität der Nachfrage beziehungsweise des Angebots. Für weiterführende Literatur zu diesem Thema siehe beispielsweise Varian (2009). Die Wohlfahrt als Gesamtsumme von Konsumenten- und Produzentenrente verringert sich bei Unterbrechungen der Stromversorgung. Der Wohlfahrtsverlust entspricht dem monetären Wert aller Nutzenverluste durch diese Unterbrechungen. Im weiteren Verlauf dieser Arbeit wird dieser monetäre Wert der Nutzenverluste unter dem Begriff Kosten gefasst. Üblicherweise werden die Kosten von Unterbrechungen der Stromversorgung in der Literatur vereinfachend gleichgesetzt mit Verlusten der Konsumentenrente. Verluste der Produzentenrente werden vernachlässigt. Kurzfristig ist die Nachfrage an Elektrizität in Relation zum Angebot sehr unelastisch, siehe Erdmann und Zweifel (2007). Der Verlust von Konsumentenrente ist deshalb wesentlich höher als der

Verlust von Produzentenrente. Die Approximation, dass Unterbrechungskosten äquivalent zu den Kosten der Verbraucher sind, ist deshalb gerechtfertigt.

Die gesamtwirtschaftlichen Kosten von Versorgungsunterbrechungen unterscheiden sich je nachdem, ob die Unterbrechung beliebige Verbraucher betrifft oder ob Verbraucher gezielt unterbrochen werden können. Bei gezielten Unterbrechungen könnten Verbraucher gewählt werden, die die niedrigsten Verluste an Konsumentenrente haben. Üblicherweise kann der Lastfluss von den Versorgern zu den einzelnen Verbrauchern bei Wechselstrom jedoch nicht genau vorgegeben werden. Moderne Stromzähler mit integrierten Kommunikationsschnittstellen könnten unter Umständen allerdings eine solche gezielte An- und Absteuerung ermöglichen. Solche Stromzähler sind im Kontext der Energiewende häufig in Diskussion unter den Namen intelligente Zähler oder *Smart Meter*. Falls Verbraucher gezielt unterbrochen werden können, sind die gesamtwirtschaftlichen Kosten wesentlich kleiner als bei zufälligen Unterbrechungen, siehe Abbildung 15.

In der wissenschaftlichen Literatur wird in dem Zusammenhang von Unterbrechungskosten häufig der sogenannte *Value of Lost Load*, kurz VOLL, als monetäre Kenngröße verwendet. Stoft (2002) definiert den *Value of Lost Load* als Kosten pro nicht-gelieferter Elektrizität. Der *Value of Lost Load* ist deshalb ein durchschnittlicher Verlust an Konsumentenrente (kurz *CS* für *consumer surplus*) pro Stromverbrauch (kurz *EC* für *electricity consumption*) und kann damit als eine Art von Durchschnittskosten bezogen auf die fehlende Energiemenge verstanden werden, siehe Abbildung 15. Aus diesem Grund wird der *Value of*

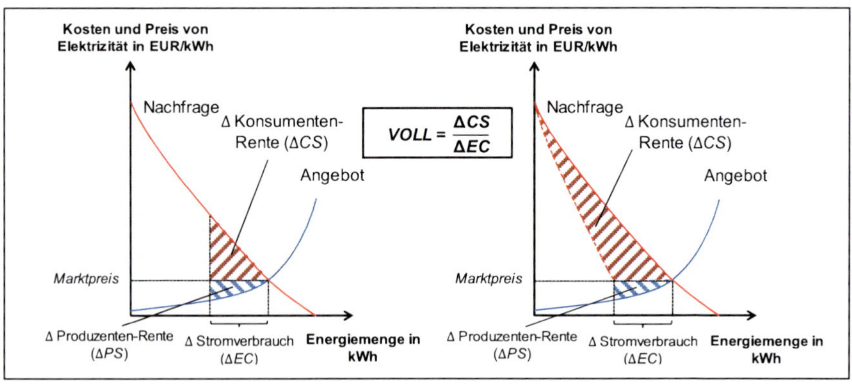

$$VOLL = \frac{\Delta CS}{\Delta EC}$$

Abbildung 15:   Strommarkt und *Value of Lost Load*. (Links: Optimale Unterbrechungen durch direkte Ansteuerung der Verbraucher mit den niedrigsten Nutzen. Rechts: Gleichmäßige Unterbrechungen der Verbraucher ungeachtet vom tatsächlichen Nutzen.)

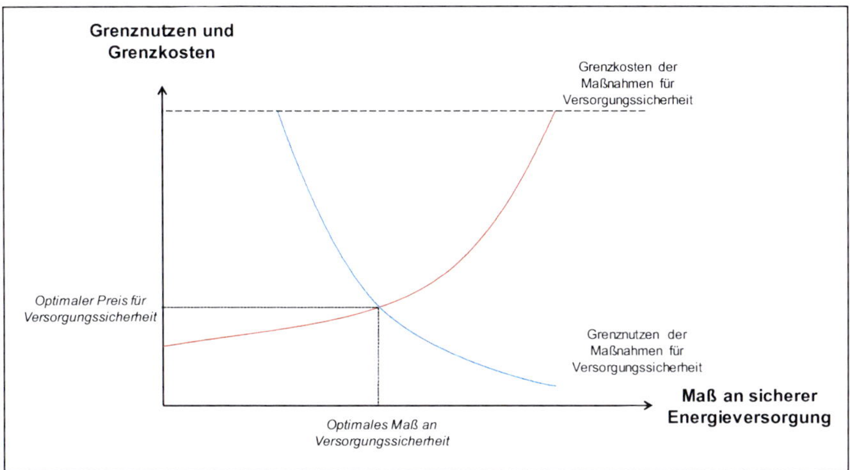

Abbildung 16:   Schematische Illustration der wirtschaftlich optimalen Versorgungssicherheit

Lost Load in Geldeinheiten pro Energieeinheit formuliert, wie beispielsweise Euro pro Kilowattstunde (EUR/kWh).

Kosten von Versorgungsunterbrechungen können auch als Nutzen von Versorgungssicherheit interpretiert werden. Kenntnisse über Kosten von Unterbrechungen beziehungsweise den Nutzen von Versorgungssicherheit sind notwendig, um ein wirtschaftlich vernünftiges Maß an Versorgungssicherheit für die Gesellschaft planen und herstellen zu können. Eine absolut sichere Elektrizitätsversorgung ohne Toleranzen für Unterbrechungen ist Stoft (2002) zufolge aus wirtschaftlichen Gesichtspunkten (vor allem bei risikoneutraler Betrachtung) ineffizient. Ein Vergleich der Kosten von Maßnahmen zur Verbesserung der Versorgungssicherheit mit dem damit verbundenen wirtschaftlichen Nutzen von erhöhter Versorgungssicherheit offenbart den wirtschaftlich vernünftigen Grad an Versorgungssicherheit für das Elektrizitätssystem. Das Gesamtniveau an Energieversorgungssicherheit ist dann kosteneffizient und optimal, wenn der Grenznutzen aller durchgeführten Maßnahmen zur Verbesserung der Versorgungssicherheit mindestens genauso groß ist wie die Grenzkosten dieser Maßnahmen, siehe Abbildung 16.

Stoft (2002) führt in diesem Zusammenhang als Beispiel die Kapazitätsplanung in einem Elektrizitätssystem an. Mit den Kapitalkosten für Spitzenlastkraftwerke (kurz CC_{fix}) und dem *Value of Lost Load* kann eine effiziente Dauer an Versorgungsunterbrechungen (*SAIDI*) pro Jahr errechnet werden. Variable

Kosten werden hierbei vernachlässigt, weil diese bei wenigen Benutzungsstunden der Kraftwerke im Vergleich zu den Fixkosten relativ klein sind. Dadurch ergibt sich Gleichung (4).

$$SAIDI = \frac{CC_{\text{fix}}}{VOLL} \tag{4}$$

Anhand dieser ermittelten Dauer und der geordneten Jahresdauerlinie der Stromverbräuche (siehe Abbildung 6) lässt sich die wirtschaftlich optimale installierte Leistung errechnen. Für den Fall, dass die Kosten für Versorgungssicherheit steigen (in diesem Beispiel die Kapitalkosten eines Spitzenlastkraftwerkes) und der Nutzen für Versorgungssicherheit aber gleich bleibt, wäre es demnach ineffizient, das gleiche Niveau an Versorgungssicherheit aufrechtzuerhalten. Im Folgenden werden als Beispiel die Stromgestehungskosten eines Spitzenlastkraftwerkes je nach jährlichen Benutzungsstunden vorgestellt, siehe Abbildung 17. Sollten die Stromgestehungskosten solcher Kraftwerke über dem *Value of Lost Load* liegen, so wäre es effizienter, wenn die entsprechenden Verbraucher in den jeweiligen Stunden auf eine Versorgung verzichten, siehe Abbildung 18.

Bei einem *Value of Lost Load* für bestimmte Verbraucher von beispielsweise 5,00 EUR/kWh ist es so günstiger (falls die entsprechende Steuerungstechnik vorhanden ist), auf den Bau eines Spitzenlastkraftwerks zu verzichten, falls dieses für weniger als acht Stunden im Jahr die Versorgung dieser Verbraucher gewährleisten soll. Bei einem *Value of Lost Load* von 1,00 EUR/kWh steigt diese kritische Dauer auf 44 Stunden an.

Die vorstehenden Ausführungen unterstellen eine Risikoneutralität der Marktteilnehmer. Üblicherweise treffen Marktteilnehmer jedoch risikoaverse Entscheidungen. Die Zahlungsbereitschaft der Verbraucher zur Vermeidung von Unterbrechungen übersteigt in diesem Falle die erwartete Schadenshöhe um eine bestimmte Risikoprämie. Die Risikoprämie kann den Ausführungen von Arrow (1971) und Pratt (1964) nach schließlich aus den Eintrittswahrscheinlichkeiten der Schäden und individuellen Präferenzen hinsichtlich von Risikoaversionen abgeleitet werden. Damit sind Verbraucher gegebenenfalls bereit, mehr Geld für die Vermeidung von Unterbrechungen auszugeben als in dem in Abbildung 16 dargestellten optimalen Punkt.

Stromgestehungskosten von Spitzenlastkraftwerken und *Value of Lost Load*

Annahmen: Jährliche Kapitalkosten von 40.000 EUR/MW
             Variable Kosten von 100 EUR/MW_{el}

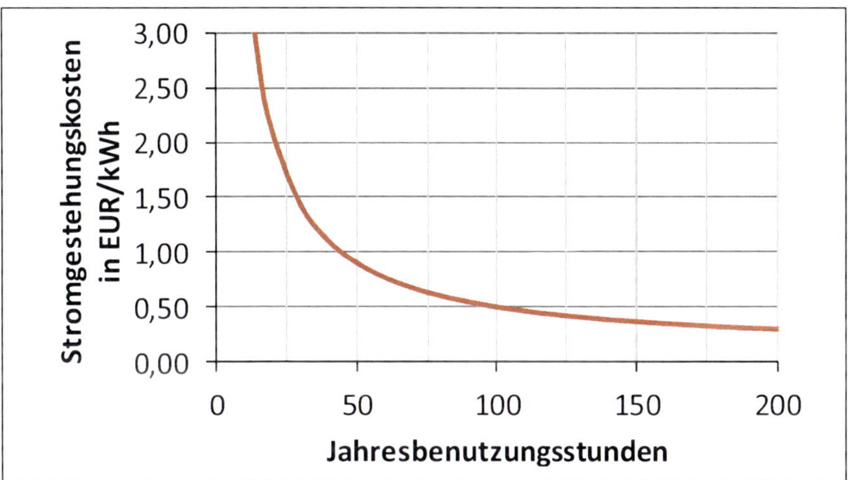

Abbildung 17: Stromgestehungskosten eines Spitzenlastkraftwerks in Abhängigkeit der Jahresbenutzungsstunden

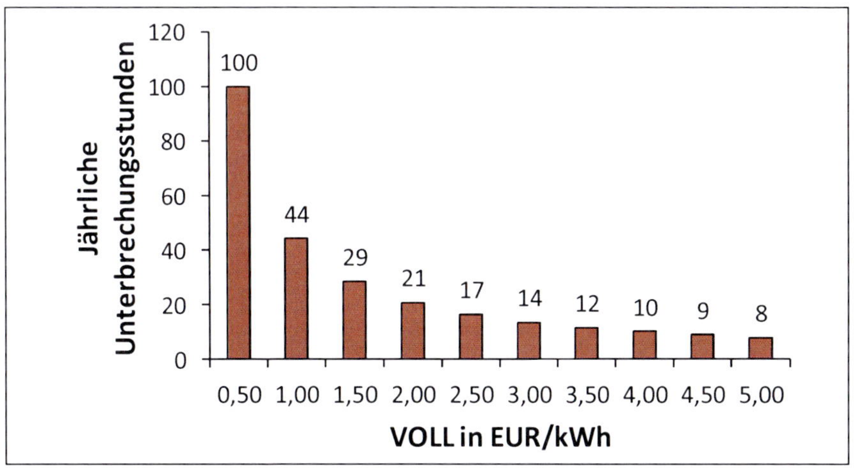

Abbildung 18: Effiziente Unterbrechungsdauer in Abhängigkeit des *Value of Lost Load*

In Deutschland wird eine grobe Schätzung des *Value of Lost Load* derzeit verwendet, um die Erlöse von Betreibern bestimmter Nieder- und Mittelspannungsnetze anhand der sogenannten Anreizregulierungsverordnung (kurz ARegV) zu regulieren, siehe Bundesnetzagentur (2010). Hierdurch wird erhofft, dass diese Betreiber ihre Versorgungsnetze so bauen und warten, dass ein wirtschaftlich optimales Maß an Zuverlässigkeit hergestellt wird. Für den *Value of Lost Load* werden von der Bundesnetzagentur die Ergebnisse der Schätzungen von Consentec (2010) zu Versorgungsunterbrechungen in drei Sektoren (primär, sekundär, tertiär) und privaten Haushalten verwendet.

Außerdem ist am 28.12.2012 die sogenannte Verordnung über Vereinbarungen zu abschaltbaren Lasten (kurz AbLaV) von der Bundesregierung erlassen worden. Der AbLaV nach werden die systemverantwortlichen Übertragungsnetzbetreiber im Rahmen dieser Verordnung dazu verpflichtet, Gebote für abschaltbare Lasten von bis zu 3.000 Megawatt Leistung anzunehmen (§ 1 AbLaV). Die monatliche Leistung wird dabei unabhängig von einem tatsächlichen Bedarf mit einem Betrag von 2.500 Euro pro angebotenes Megawatt vergütet (§ 4 Absatz 2 AbLaV). Bei einem tatsächlichen Abruf der Leistung durch die Übertragungsnetzbetreiber wird die verzichtete Arbeit mit einem Betrag zwischen 100 und 400 Euro pro Megawattstunde kompensiert (§ 4 Absatz 3 AbLaV).

Eine Herausforderung bei den Untersuchungen von Unterbrechungskosten ist, dass die Verwendung von Elektrizität für die verschiedenen Stromabnehmer stark heterogen ist. Dies führt dazu, dass auch Unterbrechungskosten von Verbraucher zu Verbraucher häufig sehr unterschiedlich hoch sind. Deshalb werden Unterbrechungskosten häufig differenziert nach Verbrauchergruppen untersucht. Eine in diesem Kontext gängige Differenzierung ist eine Unterscheidung in Haushalte und Unternehmen, wobei die Untersuchung bei Unternehmen häufig weiter nach Wirtschaftssektoren getrennt durchgeführt wird. Zwar treten innerhalb der einzelnen Verbrauchergruppen üblicherweise trotzdem Unterschiede in der Stromverwendung auf, allerdings dürften diese Unterschiede durch eine geeignete Klassifikation wesentlich reduziert werden können. Auch in den folgenden Untersuchungen dieser Arbeit werden die Unterbrechungskosten differenziert für Unternehmen und für Haushalte untersucht.

3.3 Methoden zur Bestimmung von Unterbrechungskosten

Nach einer Studie von Sullivan und Keane (1995) von dem *Electric Power Research Institute* (kurz EPRI) können die Methoden zur Bestimmung der Stromnterbrechungskosten generell drei verschiedenen Kategorien zugeordnet werden: makroökonomische, marktbasierte und umfragebasierte Methoden. In Anlehnung an die Arbeit von Bateman *et al.* (2002) und eigenen Erfahrungen werden die Methoden in dieser Arbeit jedoch in folgende drei Kategorien eingeteilt:

- Theoretische Ansätze

- Ansätze offenbarter Präferenzen

- Ansätze geäußerter Präferenzen

Die Methoden werden im weiteren Verlauf dieses Abschnittes vorgestellt.

Theoretische Ansätze

Theoretische Ansätze können in Methoden mit makroökonomischen und mikroökonomischen Modellen unterschieden werden. Bei diesen Untersuchungen wird eine Annahme getroffen, die den Zusammenhang zwischen Versorgungsunterbrechungen und Kosten beschreibt. Anhand dieser Annahme werden die Kosten in den Untersuchungen errechnet.

Makroökonomische Modelle

Nach Sullivan und Keane (1995) gehören makroökonomische Methoden zu den frühsten Ansätzen zur Bestimmung von Stromunterbrechungskosten. Bei diesen Untersuchungen wird eine makroökonomische Annahme getroffen, die den Zusammenhang zwischen Versorgungsunterbrechungen und Kosten beschreibt. Basierend auf dieser Annahme werden Top-Down-Modelle aufgestellt. Als Modelleingangsparameter werden aggregierte makroökonomische Kennzahlen verwendet. Beispielsweise wird die Hypothese aufgestellt, dass kurzfristige Stromunterbrechungen zu Opportunitätskosten für die Gesamtwirtschaft in Form von nicht generierten Bruttoinlandsprodukten (kurz BIP) oder Bruttowertschöpfungen (kurz BWS) führen.

Vorteil (+):   Laut einer Studie von Frontier Economics (2008) ist bei diesen Untersuchungen vor allem eine gute Datenverfügbarkeit der erforderlichen makroökonomischen Eingangsparameter wie BIP oder BWS von Vorteil. Die Ergebnisse von makroökonomischen Untersuchungen sind deshalb gut für allgemeine Studien geeignet.

Nachteil (–): Weil bei makrökonomischen Methoden mit aggregierten makroökonomischen Indikatoren gerechnet wird, sind die Ergebnisse dieser Untersuchungen ebenfalls aggregierter Natur. Somit können zwar Aussagen über durchschnittliche Kosten getroffen werden, aber nicht über die Häufigkeitsverteilung der Kosten. Problematisch ist Sullivan und Keane (1995) zufolge auch, dass direkte Kosten wie zum Beispiel Sachschäden oder Anfahrkosten bei diesen Methoden nicht berücksichtigt werden. Dadurch können die tatsächlichen Kosten über den mit einem theoretischen Ansatz ermittelten Kosten liegen.

Mikroökonomische Modelle

Theoretische mikroökonomische Ansätze können ebenfalls zur Bestimmung von Unterbrechungskosten verwendet werden. Bei diesen Untersuchungen wird basierend auf einer theoretischen Überlegung ein Modell aufgestellt, das den Zusammenhang zwischen Versorgungsunterbrechungen und Kosten für eine Einheit (Person, Haushalt, Unternehmen, Produktionsprozess etc.) erklärt. Daraus wird ein Bottom-Up-Modell formuliert. Mit dem formulierten Bottom-Up-Modell werden anschließend die Kosten von Versorgungsunterbrechungen für die Gesamtpopulation hochgerechnet, beziehungsweise simuliert.

Vorteil (+): Im Gegensatz zu makroökonomischen Methoden ermöglichen die Simulationen bei mikroökonomischen Untersuchungen die Abbildung von Verteilungen der Unterbre-

<table>
<tr><td></td><td>chungskosten für die betrachtete Population. Dies ermöglicht einen höheren Grad an Erkenntnisgewinn gegenüber makrökonomischen Modellen.</td></tr>
<tr><td>Nachteil (−):</td><td>Die Verfügbarkeit von mikroökonomischen Daten ist tendenziell schwieriger als von makroökonomischen, aggregierten Daten. Wie auch bei makroökonomischen Untersuchungen werden direkte Kosten, wie zum Beispiel Sachschäden oder Startkosten bei mikroökonomischen Methoden in der Regel nicht berücksichtigt, weshalb die tatsächlichen Kosten auch hier über den Ergebnissen von mikroökonomischen Untersuchungen liegen können.</td></tr>
</table>

Ansätze offenbarter Präferenzen

Methoden, die tatsächlich getroffene Marktentscheidungen von Verbrauchern untersuchen, werden von Sullivan und Keane (1995) als marktbasierte Methoden bezeichnet. Bateman *et al.* (2002) hingegen bezeichnen solche Methoden als Methoden offenbarter Präferenzen (im Englischen *revealed preferences methods*). Für solche Studien werden historische Daten über tatsächlich getroffene Verbraucherentscheidungen über unterschiedliche Grade an zuverlässiger Elektrizitätsversorgung analysiert. Einerseits können Tarife untersucht werden, die unterschiedliche Grade an Versorgungssicherheit zu unterschiedlichen Preisen anbieten (falls vorhanden). Andererseits können auch Verkaufsdaten von Netzersatzanlagen zur Verbesserung der eigenen Versorgungszuverlässigkeit für solche Untersuchungen verwendet werden. Tatsächlich getroffene Entscheidungen und Präferenzen können aber auch mittels Umfragen ermittelt werden, wie beispielsweise in der Arbeit von Henkel (2012). Aus diesem Grund wird in dieser Arbeit statt der Einteilung von Sullivan und Keane (1995) in marktbasierte und umfragebasierte Methoden die Einteilung von Bateman *et al.* (2002) in Methoden offenbarter (*revealed*) und geäußerter (*stated*) Präferenzen gewählt.

<table>
<tr><td>Vorteil (+):</td><td>Ergebnisse von Untersuchungen, die auf offenbarten Präferenzen (*revealed preferences*) basieren, werden aus tatsächlich getroffenen ökonomischen Entschei-</td></tr>
</table>

	dungen abgeleitet. Deshalb sprechen Sullivan und Keane (1995) diesen Untersuchungen ein hohes Maß an Validität zu.
Nachteil (–):	Die mit dieser Methode ermittelten Kosten beschränken sich ausschließlich auf Entscheidungen zwischen in der Vergangenheit tatsächlich angebotenen Auswahlmöglichkeiten. Derzeit sind die Auswahlmöglichkeiten für die Stromkunden hinsichtlich des Maßes an Versorgungszuverlässigkeit aber quasi inexistent. Dies schränkt die Anwendbarkeit der Methoden stark ein.

Ansätze geäußerter Präferenzen

Unterbrechungskosten können auch anhand von Präferenzen untersucht werden, die im Kontext von hypothetischen Unterbrechungsszenarien in Umfragen geäußert werden. In diesen hypothetischen Szenarien haben die Versorgungsunterbrechungen beliebig gewählte Merkmale, wie beispielsweise Dauer der Unterbrechung, Jahreszeit der Unterbrechung oder andere Eigenschaften. Diese Methoden werden von Sullivan und Keane (1995) als umfragebasierte Methoden bezeichnet. Bateman *et al.* (2002) nennen diese Art von Analysen Untersuchungen von geäußerten Präferenzen (im Englischen *stated preferences methods*).

Vorteil (+):	Die Hauptvorteile von diesen Studien liegen in der Unabhängigkeit gegenüber der Verfügbarkeit von historischen Daten sowie einer größeren Untersuchungstiefe aufgrund der Verwendung von hypothetischen Szenarien. Im Gegensatz zu Studien, die auf tatsächlichen Entscheidungen beruhen, können hier theoretisch beliebige Ausprägungen von Versorgungszuverlässigkeiten unabhängig von in der Realität angebotenen Alternativen untersucht werden.
Nachteil (–):	Die Kosten basieren auf subjektiven Einschätzungen hypothetischer Ereignisse. Befragte Individuen kennen solche Situationen unter Umständen nicht. Die tatsächlichen bei Versorgungsunterbrechungen auftretenden Kosten können deshalb in Wirklichkeit hö-

her oder niedriger sein als von den Individuen geschätzt. Weiterhin ist eine aufwendige Datenerhebung aufgrund einer notwendig hohen repräsentativen Anzahl an Teilnehmern erforderlich.

Prinzipiell können Methoden geäußerter Präferenzen weiterhin in zwei verschiedene Unterkategorien eingeordnet werden: Direkte Erhebungen (im Englischen *direct measurement*) und abgeleitete/indirekte Erhebungen (im Englischen *imputation*).

Direkte Erhebungen

Für die Ermittlung der Kosten werden die an den Untersuchungen teilnehmenden Individuen hierbei befragt zu:

a) Einschätzung der mit den skizzierten Unterbrechungsszenarien einhergehenden Kosten,

b) maximaler Zahlungsbereitschaft im Hinblick auf die Vermeidung der in den Szenarien skizzierten Unterbrechungen,

c) Mindesthöhe von Kompensationszahlungen (Akzeptanzbereitschaft) zur Toleranz der skizzierten Unterbrechungen.

Nach Sullivan und Keane (1995) sollte die Wahl zwischen den drei Möglichkeiten abhängig von der untersuchten Zielgruppe der Stromverbraucher sein.

Direkte Kosteneinschätzungen seien tendenziell gut geeignet für die Kostenermittlung bei Unternehmen. Unternehmen können aufgrund häufig vorhandener Verkaufs- und Kostenzahlen in der Regel beispielsweise Umsatzausfälle, Beschädigungen von Materialien und Geräten oder Anfahrtkosten relativ gut quantifizieren. Im Gegensatz dazu vermuten Sullivan und Keane (1995), dass Unternehmen bei Befragungen zu Zahlungs- oder Akzeptanzbereitschaften den Anreiz haben, ihre Antworten strategisch zu verzerren.

Befragungen zu Zahlungs- oder Akzeptanzbereitschaften seien generell für die Kostenschätzung bei privaten Haushalten gut geeignet. Begründet wird dies damit, dass private Haushalte im Unterschied zu Unternehmen bei Versorgungsunterbrechungen keine unmittelbaren finanziellen Einbußen haben, so dass eine direkte Kosteneinschätzung wesentlich schwieriger sei. Vielmehr entstünden den Haushalten bei Unterbrechungen immaterielle Schäden in Form von Unannehmlichkeiten. Anhand von Untersuchungen von Zahlungs- und Akzeptanzbereitschaften können diese Probleme umgangen werden. Dabei vermuten die Autoren, dass eine Kombination aus Untersuchungen der Zahlungs- und Akzeptanzbereitschaften bei privaten Haushalten Resultate liefern, die am nächsten bei den tatsächlichen Kosten liegen. Die Themen Zahlungs- und Akzeptanzbereitschaften werden vertiefend im Abschnitt 5.2.1 behandelt.

Abgeleitete/indirekte Erhebungen

Bei indirekten Erhebungen werden den Befragten zunächst unterschiedliche Szenarien hinsichtlich der Versorgungszuverlässigkeit und Strompreise präsentiert. Anschließend sollen die Befragten aus den zur Auswahl stehenden Szenarien ihr präferiertes wählen oder die Szenarien nach ihren Präferenzen geordnet sortieren. Aus den daraus resultierenden Daten werden Unterbrechungskosten anhand von sogenannten *Conjoint-* oder *Discrete-Choice-*Modellen hergeleitet.

Allerdings sei für eine Anwendung dieser indirekten Erhebungen laut Sullivan und Keane (1995) ein möglichst akkurates Wissen der Befragten über Strompreise notwendig. Andernfalls können die dargestellten Szenarien nicht korrekt in Relation zueinander gesetzt werden. Weil jedoch die überwiegende Mehrheit der Verbraucher, vor allem Endkunden, ihre Strompreise nicht genau kenne, sei die Validität der Ergebnisse fraglich. Vielmehr seien die Resultate dadurch fehlerhaft oder zumindest verzerrt.

Eine schematische Zusammenfassung der beschriebenen Methoden zur Bestimmung von Unterbrechungskosten ist in Abbildung 19 abgebildet.

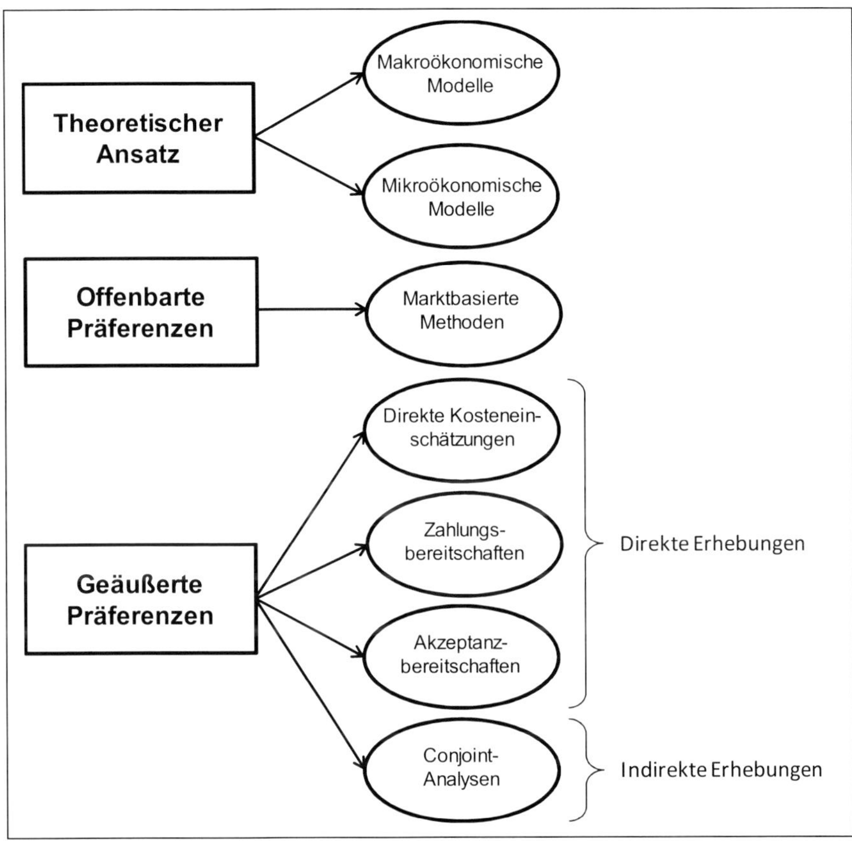

Abbildung 19: Schematischer Überblick der Methoden zur Bestimmung von Unterbrechungskosten

3.4 Überblick über bisherige Studien von Unterbrechungskosten

In der Vergangenheit sind international verschiedene Untersuchungen zu den Kosten von Versorgungsunterbrechungen durchgeführt worden. Für Deutschland sind bisher jedoch noch keine detaillierten Untersuchungen durchgeführt worden. O' Leary *et al.* (2007) zufolge ist die Übertragung von internationalen Ergebnissen von einem Land auf das andere aber ungeeignet. Consentec (2010) hat im Rahmen einer Kurzstudie für die Erarbeitung eines Konzeptes zur Ausgestaltung des Qualitätelements in der Netzregulierung den *Value of Lost Load* grob geschätzt.

Für die Untersuchung von Unterbrechungskosten in Haushalten werden in der Regel entweder theoretisch-mikroökonomische Modelle oder Methoden basierend auf geäußerten Präferenzen verwendet. Bei den theoretisch-mikroökonomischen Modellen sind in der Vergangenheit häufig ausschließlich arithmetische Mittelwerte als Modelleingangsparameter für Haushaltsuntersuchungen verwendet worden, um als Modellergebnis durchschnittliche Unterbrechungskosten zu ermitteln. Die Arbeiten von Bliem (2005), Consentec (2010) oder de Nooij *et al.* (2007) verwenden beispielsweise diese Vorgehensweise. Dabei wird implizit jedoch die vereinfachende Annahme getroffen, dass alle Modelleingangsparameter unkorreliert sind (beispielsweise Stromverbräuche, Freizeit und Haushaltseinkommen). Sollte dies jedoch nicht der Fall sein, sind diese Modellergebnisse letztendlich verzerrt. Durch die Ermittlung von arithmetischen Mitteln als Modellergebnisse gehen in den zitierten Untersuchungen darüber hinaus Informationen über die Häufigkeitsverteilung der Unterbrechungskosten innerhalb der Gruppe der Privathaushalte verloren. Bei den Haushaltsstudien, die Methoden basierend auf geäußerten Präferenzen verwenden, werden Akzeptanzbereitschaften häufig nicht untersucht. Stattdessen werden häufig ausschließlich Zahlungsbereitschaften untersucht. Beispiele hierfür sind die Arbeiten von Lehtonen und Lemstrom (1995), Carlsson und Martinsson (2008) oder Carlsson *et al.* (2011). Eine Ausnahme bildet hier die Arbeit von Bertazzi *et al.* (2005), die auch Akzeptanzbereitschaften analysiert. Darüber hinaus wird in keiner der recherchierten Publikationen versucht, die Höhe der Unterbrechungskosten anhand von statistischen Zusammenhängen zu erklären. In der Regel werden die Umfragedaten direkt (gegebenenfalls gewichtet) ausgewertet und daraus Aussagen für die Gesamtpopulation abgeleitet.

Für die Untersuchung von Unterbrechungskosten in Unternehmen werden in der Regel entweder theoretisch-makroökonomische Modelle oder Methoden basierend auf geäußerten Präferenzen verwendet. Wie bereits im vorangegangenen Abschnitt erörtert, unterscheiden sich die Kosten von Unterbrechungen aufgrund der sehr verschiedenen Nutzungen von Elektrizität auch stark voneinander. Unterteilungen in möglichst viele Sektoren verbessern deshalb wahrscheinlich auch den Detaillierungsgrad der Ergebnisse erheblich. Von den theoretisch-makroökonomischen Studien unterteilt Bliem (2005) die Wirtschaft in 6 Sektoren, de Nooij *et al.* (2007) in 7 Sektoren, de Nooij *et al.* (2009) in 6 Sektoren und O' Leary *et al.* (2007) in 19 Sektoren. Keine dieser Studien geht weiterhin auf die Auswirkungen möglicher Folgekosten ein, die auftreten, wenn ein Unternehmen aufgrund von Elektrizitätsunterbrechungen in zuliefernden Unternehmen Schwierigkeiten in der eigenen Produktion hat. Bei den Methoden, die auf geäußerte Präferenzen basieren, ist es aufgrund der Heterogenität der Sektoren und Unternehmen jedoch schwierig, eine ausreichend repräsentative Datenbasis zu erhalten. Lehtonen und Lemstrom (1995) untersuchen Unterbrechungskosten in vier Sektoren und Samdal *et al.* (2006) und Kjolle *et al.* (2008) in jeweils fünf Sektoren.

4 Versorgungssicherheit für volkswirtschaftliche Sektoren

Nach einer Erläuterung der Elektrizitätsversorgung in den vorangegangenen Kapiteln wird in diesem Kapitel der Nutzen von Versorgungssicherheit für volkswirtschaftliche Sektoren als Kosten von Versorgungsunterbrechungen geschätzt.

Unternehmen verwenden Elektrizität primär als Wertschöpfungsinput, um letztlich einen möglichst hohen Gewinn mit ihren Wertschöpfungsoutputs zu erzielen. Allerdings sind Unternehmen im Nutzungs- und Verbrauchsverhalten von Elektrizität häufig sehr heterogen. Damit dieser Heterogenität Folge geleistet wird, werden die Unternehmen nachfolgend in 51 in sich homogene Wirtschaftssektoren unterteilt. Die Bestimmung von Unterbrechungskosten für Unternehmen erfolgt in dieser Arbeit auf Basis von Input-Output-Modellen und daraus hergeleiteten Produktionsfunktionen für 51 verschiedene Wirtschaftsbereiche.

Zunächst werden in Abschnitt 4.1 die verwendeten Annahmen und theoretischen Grundlagen der betrachteten Input-Output-Rechnung und -Modelle beschrieben. In Abschnitt 4.2 werden die verwendeten Daten präsentiert, welche als Eingangsparameter für die in Abschnitt 4.3 vorgestellten Modelle zur Schätzung von Unterbrechungskosten verwendet werden. In Abschnitt 4.4 werden die Ergebnisse dieser Schätzungen präsentiert und in Abschnitt 4.5 interpretiert und diskutiert. Dieses Kapitel schließt in Abschnitt 4.6 mit einer kritischen Würdigung ab.

4.1 Verwendete Annahmen und theoretische Grundlagen

Im Folgenden werden die für die Modellierung verwendeten Annahmen und Grundlagen zur Input-Output-Rechnung, dem Leontief-Input-Output-Modell und dem Ghosh-Input-Output-Modell vorgestellt.

4.1.1 Input-Output-Rechnung

Unternehmen einer Volkswirtschaft sind häufig wirtschaftlich und technisch über mehrere Sektoren hinaus miteinander verflochten. So ist die Wertschöpfung eines Unternehmens in der Regel Teil einer sektorenübergreifenden Wertschöpfungskette und damit abhängig von der Wertschöpfung anderer Unternehmen und Sektoren. Das Hauptziel der Input-Output-Rechnung ist die Darstellung dieser Produktions- und Güterverflechtungen in einer Volkswirtschaft in Form einer Tabelle beziehungsweise Matrix.

In dieser Matrix werden die Herkunft und die Verwendung von Inputs und Outputs der Wirtschaftssektoren in monetären Einheiten dargestellt. Nach den Definitionen von DESTATIS (2010) fallen unter Inputs einerseits die Vorleistungen als Güterlieferungen und Dienstleistungen sowie die Produktionsfaktoren Arbeit und Kapital. Der Output der Sektoren stellt den Wert der produzierten Güter oder Dienstleistungen dar. Die Summe der Inputs zusammen mit der Bruttowertschöpfung ist gleich der Summe der Outputs eines Sektors und entspricht laut Definition dem Bruttoproduktionswert. Eine schematische Darstellung der Matrix ist in Abbildung 20 dargestellt.

Output / Input		Zwischennachfrage			Letzte Verwendung — Endnachfrage	Gesamte Outputs
		Primärer Bereich	Sekundärer Bereich	Tertiärer Bereich		
Leistung	Primärer Bereich	Vorleistungsmatrix			Endnachfrage-Vektor/ -Matrix	SUMME der Outputs
	Sekundärer Bereich					
	Tertiärer Bereich					
Wertschöpfung		Matrix der Primärinputs				
Importe						
Gesamter Input		SUMME der Inputs				Input = Output

Abbildung 20:　Schematische Darstellung einer Input-Output-Tabelle

Die Input-Output-Rechnung beruht auf gewissen Annahmen und führt somit zu Einschränkungen, von denen einige im Folgenden kurz aufgeführt sind, siehe auch OECD (1992).

■　Zeitabhängige Betrachtung

Die Input-Output-Tabellen geben stets nur die Zahlungsströme in einem gewissen Zeitraum wieder. Die daraus hergeleiteten Implikationen sind somit nur für den betrachteten Zeitraum gültig und können deshalb nur bedingt für Prognosen eingesetzt werden.

- Homogenität der Güter

Eine weitere vereinfachende Annahme der Input-Output-Rechnung ist, dass die Sektoren homogene Güter als Inputs aus den jeweiligen Sektoren verwenden und ebenfalls homogene Güter als Outputs herstellen. Hierdurch entsteht bei Aggregationen mehrerer Wirtschaftssektoren in übergeordnete Sektoren eine Unschärfe. Nach Chakraborty und Raa (1981) führen die häufig verwendeten und notwendigen Aggregationen von Sektoren in den Input-Output-Modellen zu Verzerrungen (im Englischen *bias*) von beispielsweise den mit den Modellen ermittelten Multiplikatoren (zu den Multiplikatoren siehe die folgenden Abschnitte 4.1.2 und 4.1.3). Die Input-Output-Modelle sollten nach Möglichkeit deshalb mit Daten berechnet werden, die so wenig wie nötig aggregiert sind, um die Verzerrungen so klein wie möglich zu halten.

4.1.2 Leontief-Input-Output-Modell

Das Konzept der heutigen Input-Output-Rechnung geht auf den Ökonomen Wassily Leontief (1951) zurück, der für sein Input-Output-Modell mit dem Wirtschaftsnobelpreis ausgezeichnet wurde, siehe DESTATIS (2010). Das Ziel des Leontief-Modells ist die Erklärung der sektoralen Outputs (Angebot der Sektoren) anhand des jeweiligen finalen Konsums durch Endverbraucher (finale Nachfrage). Im Folgenden wird das Leontief-Input-Output-Modell vorgestellt.

Mit X_i als Gesamtoutput des Sektors i, Z_{ij} als die Leistung des Sektors i an den Sektor j und Y_i als die Endnachfrage nach Produkten des Sektors i können die in Abbildung 20 dargestellten tabellarischen Beziehungen somit mathematisch wie in (5) formuliert werden.

$$X_i = \sum_{j=1}^{j=n} Z_{ij} + Y_i \tag{5}$$

Sei $a_{\mathrm{L},ij}$ die spaltenweise Normierung der Leistung Z mit den jeweiligen Inputs X_j, siehe (6). Die Elemente $a_{\mathrm{L},ij}$ werden deshalb auch Input-Koeffizienten genannt, siehe Erdmann und Zweifel (2007).

$$a_{\mathrm{L},ij} = \frac{Z_{ij}}{X_j} \tag{6}$$

Die Gleichung (5) lässt sich nun mit (6) wie folgt in die sogenannte Leontief-Produktionsfunktion (7) umformulieren.

$$X_i = \sum_{j=1}^{j=n} a_{L,ij} \cdot X_j + Y_i \tag{7}$$

Seien $\vec{x_i}$ und $\vec{y}$ die Vektoren, die respektive die gesamten Outputs X_i und die gesamten Endnachfragen Y_i umfassen. $\mathbf{A_L}$ sei die Matrix, die aus den normierten Elementen $a_{L,ij}$ bestehe und $\mathbf{I}$ sei die Einheitsmatrix. Somit lassen sich die Beziehung (7) in der Matrizenschreibweise (8) ausdrücken und durch eine mathematische Umstellung die Outputs in Abhängigkeit von der Endnachfrage formulieren, siehe (9).

$$\vec{x_i} = \mathbf{A_L} \cdot \vec{x_i} + \vec{y} \tag{8}$$

$$\vec{x_i} = (\mathbf{I} - \mathbf{A_L})^{-1} \cdot \vec{y} \tag{9}$$

Die Matrix $(\mathbf{I} - \mathbf{A_L})^{-1}$ mit den Elementen $a_{L,ij}$ wird Leontief-Inverse-Matrix genannt. Bei angenommener Konstanz der Input-Koeffizienten sind die Elemente dieser Matrix ebenfalls konstant. In dem Leontief-Modell sind die sektoralen Gesamtoutputs im Gleichgewicht damit lediglich abhängig von den Endnachfragen. Die Spalten der Leontief-Inversen-Matrix geben an, wie eine Endnachfrage in den jeweiligen Sektoren j wiederum Nachfragen in den vorleistenden Sektoren i erzeugen, damit die Sektoren j schließlich ein Angebot erzeugen können, welches die Endnachfrage befriedigen kann. Deshalb wird das Leontief-Modell häufig auch als nachfragegetriebenes (engl. *demand driven*) Modell bezeichnet, anhand dessen sich die rückwärtsgewandten Verflechtungen (engl. *backward linkages*) einer Volkswirtschaft erklären lassen.

Miller und Lahr (2001) zufolge wurden die Zeilen der Leontief-Inversen-Matrix in früheren Untersuchungen dennoch vereinfachend verwendet, um auch vorwärtsgerichtete Auswirkungen zu untersuchen. Nach Steinback (2004) ist dieses Vorgehen allerdings unzulässig und führt Verzerrung der Ergebnisse, weil damit die Ergebnisse für die Beschreibung von rückwärtsgewandten Verflechtungen für eine Beschreibung von vorwärtsgewandte Verflechtungen verwendet werden.

Das Leontief-Input-Output-Modell geht allerdings auch mit gewissen Einschränkungen einher, von denen einige hier kurz erläutert werden sollen, siehe auch OECD (1992).

■ Keine Substitutionsmöglichkeiten

Die Outputs sind aufgrund der angenommenen fixen Produktionsfunktion linear abhängig von den Inputs in den gegebenen Verhältnissen. Im Falle eines Komplettausfalls eines Sektors können verflochtene Sektoren somit keinerlei Output generieren.

■ Keine Knappheit an Ressourcen

Das Leontief-Input-Output-Modell trifft die Annahme, dass eine Zunahme der Endnachfrage durch ein steigendes Angebot gedeckt wird. Das Angebot wird somit alleine durch die Nachfrage getrieben und steht unlimitiert zur Deckung der Nachfrage zur Verfügung.

4.1.3 Ghosh-Input-Output-Modell

Ghosh (1958) stellt im Gegensatz zum Modell von Leontief (1951) ein Modell vor, welches an Stelle der Vorgehensweise nach Zeilen eine Betrachtung nach Spalten vorsieht. Dadurch werden die sektoralen Inputs (Nachfrage der Sektoren) anhand der verwendeten Primärinputs beschrieben. Weil Bruttowertschöpfungen häufig den größten Anteil an den Primärinputs haben, ist in der Literatur an dieser Stelle oftmals nur von den Bruttowertschöpfungen in diesem Kontext die Rede.

Seien X_j der Gesamtinput des Sektors j, Z_{ij} wieder die Leistung des Sektors i an den Sektor j und V_j die Primärinputs des Sektors j. Die in Abbildung 20 dargestellten tabellarischen Beziehungen können somit mathematisch ebenfalls wie in (10) formuliert werden.

$$X_j = \sum_{i=1}^{i=n} Z_{ij} + V_j \tag{10}$$

Sei $a_{\mathrm{G},ij}$ die zeilenweise Normierung von Z mit den jeweiligen Outputs X_i, siehe (11). Die Elemente $a_{\mathrm{G},ij}$ werden deshalb auch Allokations-Koeffizienten genannt, siehe Park (2006).

$$a_{\mathrm{G},ij} = \frac{Z_{ij}}{X_i} \tag{11}$$

Die Gleichung (10) lässt sich mit (11) zur Gleichung (12) umformulieren.

$$X_j = \sum_{i=1}^{i=n} a_{G,ij} \cdot X_i + V_j \tag{12}$$

Seien $\vec{x_j}$ und $\vec{v}$ die Vektoren, die respektive die gesamten Inputs X_j und die gesamten Primärinputs V_j umfassen. $\mathbf{A_G}$ sei die Matrix, die aus den normierten Elementen $a_{G,ij}$ bestehe und $\mathbf{I}$ sei die Einheitsmatrix. Somit lässt sich die obige Beziehung (12) wieder in einer Matrizenschreibweise (13) ausdrücken und durch eine mathematische Umstellung die Inputs in Abhängigkeit von der Endnachfrage formulieren, siehe (14). Das Superskript T stellt hierbei die Transposition eines Vektors dar.

$$\vec{x_j}^{\mathrm{T}} = \vec{x_j}^{\mathrm{T}} \cdot \mathbf{A_G} + \vec{v_j}^{\mathrm{T}} \tag{13}$$

$$\vec{x_j}^{\mathrm{T}} = \vec{v_j}^{\mathrm{T}} \cdot (\mathbf{I} - \mathbf{A_G})^{-1} \tag{14}$$

Die Matrix $(\mathbf{I} - \mathbf{A_G})^{-1}$ mit den Elementen $\alpha_{G,ij}$ wird in Analogie zum Leontief-Modell Ghosh-Inverse genannt. Bei angenommener Konstanz der Allokations-Koeffizienten sind die Elemente dieser Inversen-Matrix ebenfalls konstant. In diesem Modell sind die sektoralen Gesamtinputs im Gleichgewicht lediglich abhängig von den verwendeten Primärinputs. Die Zeilen der Ghosh-Inversen-Matrix geben an, wie eine Einheit an Primärinput in den jeweiligen Sektoren i zu Angebotsmengen dieses Sektors i an die in den Wertschöpfungsketten nachgelagerten Sektoren j führen. Das Ghosh-Modell wird aus diesem Grund daher auch als angebotsgetriebenes (engl. *supply driven*) Modell bezeichnet, anhand dessen vorwärtsgewandte Verflechtungen (engl. *forward linkages*) einer Volkswirtschaft erklärt werden können.

Auch das Ghosh-Input-Output-Modell geht mit gewissen Einschränkungen einher, die im Folgenden kurz erläutert werden sollen.

■ Perfekte Substitutionsmöglichkeiten

Die Allokations-Koeffizienten werden in dem Ghosh-Modell als konstant angenommen. Damit ist aber lediglich die prozentuale Verteilung der Outputs eines Sektors auf die zu beliefernden Sektoren fix. Im Gegensatz zum Leontief-Modell sind damit die Inputs zur Generierung eines Outputs untereinander austauschbar, siehe Oosterhaven (1988).

■ Knappheit an Ressourcen

Bei dem Ghosh-Input-Output-Modell wird die Annahme getroffen, dass eine Erhöhung des Angebots in einem Sektor von den zu beliefernden Sektoren auch durch eine steigende Nachfrage abgenommen wird. Somit stellt in diesem Modell die Nachfrage im Gegensatz zum Angebot keinen limitierenden Faktor dar. Deshalb wird das Ghosh-Modell häufig auch als ein angebotsgetriebenes Modell bezeichnet.

4.2 Datengrundlagen

Nach der Beschreibung der verwendeten Annahmen werden im Folgenden die für die Modellierung erforderlichen Daten präsentiert. Dabei handelt es sich um die monetären und energetischen Input-Output-Tabellen sowie den Deflatoren des Bruttoinlandsprodukts.

4.2.1 Monetäre Input-Output-Tabellen

Das deutsche statistische Bundesamt DESTATIS (2010) veröffentlicht seit 1990 im Rahmen der Volkswirtschaftlichen Gesamtrechnung für das gesamtdeutsche Bundesgebiet nach einer Bearbeitungszeit von jeweils drei Jahren in jährlichen Intervallen monetäre Input-Output-Tabellen wie auch in Abbildung 20 dargestellt. In diesen Tabellen wird die Herkunft und Verwendung über 71 Sektoren dargestellt. Insgesamt werden drei verschiedene Typen von Input-Output-Tabellen veröffentlicht.

■ Input-Output-Tabellen der inländischen Produktion und Importe

■ Input-Output-Tabellen der inländischen Produktion

■ Importmatrizen

In den Input-Output-Tabellen der inländischen Produktion werden importierte Güter im Gegensatz zu den Input-Output-Tabellen der inländischen Produktion und Importe nicht in die Vorleistungsmatrix integriert, sondern in die Matrix der Primärinputs. Die sektorale Herkunft und Verwendung dieser Güter werden dadurch allerdings nicht ersichtlich. Die dritte Tabellenart, die Importmatrizen, ergänzt die Input-Output-Tabellen der inländischen Produktion, indem die Aufschlüsselung der sektoralen Herkunft und Verwendung der importierten Güter detailliert dargestellt wird.

Zum Anfang des Jahres 2013 sind die Input-Output-Tabellen aus dem Jahr 2008 die aktuellsten von DESTATIS veröffentlichten Input-Output-Tabellen. Allerdings fand eine Umstellung der Wirtschaftszweigklassifikation (kurz WZ) zwischen den Jahren 2007 und 2008 von der WZ02 zur WZ08 statt, so dass eine Vergleichbarkeit der Input-Output-Tabellen ohne Weiteres nicht möglich ist. Für eine detailliertere Beschreibung des Datenangebots an Input-Output-Tabellen für Deutschland siehe DESTATIS (2010).

4.2.2   *Energetische Input-Output-Tabellen*

Neben Input-Output-Tabellen, bei denen die wirtschaftlichen und technischen Verflechtungen in monetären Einheiten beschrieben werden, gibt es außerdem physische Input-Output-Tabellen, siehe DESTATIS (2003). Bei den physischen Input-Output-Tabellen werden die Warenströme im Gegensatz zu den monetären Input-Output-Tabellen nicht in Geldeinheiten, sondern in physischen Einheiten gemessen. Seit 1995 veröffentlicht DESTATIS (2010) im Rahmen der Umwelt-ökonomischen Gesamtrechnung solche physischen Input-Output-Tabellen, die unter anderem die Herkunft und Verwendung von Energie nach Energieträgern und Sektoren aufzeigen. Genauer betrachtet sind diese physischen Input-Output-Tabellen also energetische Input-Output-Tabellen. Im Wesentlichen stammen die Daten des Statistischen Bundesamtes aus den jährlichen Energiebilanzen, die von der Arbeitsgemeinschaft Energiebilanzen erstellt und durch Daten aus weiteren Quellen ergänzt wurden, siehe DESTATIS (2010). In diesen Tabellen wird die Energieverwendung von insgesamt 69 Sektoren dargestellt.

Von 1995 bis 2005 sind die Umweltökonomischen Gesamtrechnungen in fünfjährigem Turnus veröffentlicht. Seit 2005 werden diese Statistiken in jährlichen Intervallen publiziert. Zum Anfang des Jahres 2013 ist die Veröffentlichung der Umweltökonomischen Gesamtrechnung für das Berichtsjahr 2010 die aktuellste. Auch bei den energetischen Input-Output-Tabellen fand eine Umstellung der Wirtschaftszweigklassifikation von der WZ93 beziehungsweise WZ02 zur WZ08 zwischen den Berichtsjahren 2008 und 2009 statt.

4.2.3   *Deflatoren des Bruttoinlandsprodukts*

Um monetäre Zahlungsströme der Wirtschaftsbereiche aus verschiedenen Jahren miteinander vergleichen zu können, müssen diese Zahlen inflationsbereinigt werden. Hierfür werden die von der Weltbank/*Worldbank* (2013) jährlich veröffentlichten Deflatoren des Bruttoinlandsprodukts (kurz BIP) für Deutschland gewählt. Für jedes Jahr wird von der Weltbank eine prozentuale Änderung im Bezug zum Vorjahr veröffentlicht.

Der Duden Wirtschaft von A bis Z (2009) definiert den BIP-Deflator wie folgt:

> Maßstab für die Inflation, der das Verhältnis des nominalen Bruttoinlandsproduktes eines Jahres zum realen Bruttoinlandsprodukt darstellt. Im Unterschied zu anderen Preisindizes wie dem Verbraucherpreisindex für Deutschland beruht der BIP-Deflator nicht auf einem festen Warenkorb, der jedes Jahr gleich bleibt, sondern bewertet alle in der Volkswirtschaft in dem berechneten Jahr produzierten Güter und Leistungen. Er ist damit ein Preisindex auf breiter Grundlage, mit dem Preissteigerungen und Inflationsraten über einen längeren Zeitraum berechnet werden können.

Da sich dieser Abschnitt der Arbeit den Stromunterbrechungskosten für Unternehmen widmet, wird hier der BIP-Deflator anstelle des Verbraucherpreisindexes gewählt. Die Verwendung des Verbraucherpreisindexes wäre eine unzulässige Vereinfachung, da hierbei ausschließlich Preisänderungen von Endprodukten berücksichtigt werden, die private Haushalte im Durchschnitt kaufen. Unternehmen kaufen aber häufig andere Produkte, die von Haushalten üblicherweise nicht gekauft werden, wie beispielsweise Metalle oder Chemikalien.

Die Deflatoren des Bruttoinlandsprodukts für Deutschland werden auf das gewählte Bezugsjahr 2011 umgerechnet. Diese sind in Tabelle 4 dargestellt.

Tabelle 4:   Deflatoren des Bruttoinlandsprodukts für Deutschland mit Bezugsjahr 2011. Datenquelle: Weltbank/*Worldbank* (2013)

Betrachtungsjahr	Deflator-Index
2000	111,5
2001	110,3
2002	108,7
2003	107,5
2004	106,4
2005	105,8
2006	105,4
2007	103,7
2008	102,9
2009	101,7
2010	100,8
2011	100,0

4.3 Modellierung

Der mikroökonomischen Theorie zufolge ist Gewinnmaximierung ein wichtiges Ziel von Unternehmen, anhand dessen sich deren Marktverhalten erklären lässt. Um Gewinne zu genieren, kombinieren Unternehmen mehrere Inputs, um daraus eine Wertschöpfung zu erzeugen. Einer dieser Inputs ist häufig Elektrizität. Fehlt ein Input, ist die Wertschöpfung häufig nicht oder nur eingeschränkt möglich. In diesem Abschnitt werden zwei auf dieser Gegebenheit basierende Top-Down-Modelle vorgestellt, anhand deren der Nutzen von Versorgungssicherheit beziehungsweise die Kosten von Versorgungsunterbrechungen abgebildet werden. Das erste Modell in Abschnitt 4.3.1 vernachlässigt und das zweite Modell in Abschnitt 4.3.2 berücksichtigt, dass Sektoren häufig miteinander verflochten sind und Produkte und Dienstleistungen anbieten, die wiederum von anderen Sektoren als Wertschöpfungsinputs nachgefragt werden.

4.3.1   *Unterbrechungskosten ohne sektorale Verflechtungen*

Unter der Annahme, dass Unternehmen während einer Unterbrechung der Elektrizitätsversorgung ein unverzichtbarer Input fehlt und deshalb keinerlei Wertschöpfung betreiben können, werden die sektoralen Bruttowertschöpfungen als Opportunitätskosten von Versorgungsunterbrechungen bewertet. Die Daten für die sektoralen Bruttowertschöpfungen werden den monetären Input-Output-Tabellen entnommen, siehe Abschnitte 4.1 und 4.2.

Vereinfachend wird weiterhin angenommen, dass die sektorale Wertschöpfung mit dem Stromverbrauch perfekt korreliert. Ein relativer Rückgang des Stromverbrauchs um einen gewissen Prozentsatz aufgrund einer Unterbrechung geht also mit einem Rückgang der Wertschöpfung um denselben Prozentsatz einher. Die Daten für die Jahresstromverbräuche der einzelnen Sektoren sind in den energetischen Input-Output-Tabellen veröffentlicht, siehe Abschnitt 4.2.2.

Das Verhältnis der Bruttowertschöpfung BWS_i zum Jahresstromverbrauch EC_i eines Sektors i stellen somit die Unterbrechungskosten je nicht-konsumierter Energiemenge dar. Somit ist dies der *Value of Lost Load* eines unmittelbar betroffenen Sektors i, $VOLL_{i,\mathrm{I}}$, siehe (15). Römisch I steht dabei für das erste Modell.

$$VOLL_{i,\mathrm{I}} = \frac{BWS_i}{EC_i} \tag{15}$$

Die Einteilung in Sektoren unterscheidet sich jedoch teilweise in den monetären von denen der energetischen Input-Output-Tabellen, weil in bestimmten Berichtsjahren unterschiedliche Klassifikationen der Wirtschaftszweige verwendet werden. Letztendlich basieren lediglich die sektoralen Klassifikationen der monetären und energetischen Input-Output-Tabellen für die Berichtsjahre 2000, 2005, 2006 und 2007 auf einer gemeinsamen Güterklassifikation (CPA[1] 2002) und sind deshalb miteinander kompatibel. Die Untersuchungen beschränken sich aus diesem Grund auf diese genannten Jahre. Trotz der gleichen zugrunde liegenden Klassifikation unterscheiden sich die sektoralen Aufteilungen in den beiden Tabellen hinsichtlich des Detaillierungsgrades. Deshalb wird für diese Arbeit eine eigene Aggregation der sektoralen Klassifikation gewählt, bei denen die Klassifikationen aus den beiden Tabellen die Schnittmenge mit dem noch höchstmöglichen Detaillierungsgrad darstellt. Dies resultiert schließlich in einer Einteilung der Volkswirtschaft in 51 Sektoren, welche quasi den kleinsten gemeinsamen Nenner aus beiden Tabellen darstellt.

Aufgrund der besseren Übersichtlichkeit und Darstellbarkeit werden die 51 Sektoren nach den Auswertungen nochmalig in 3 und 12 Sektoren zusammengefasst. Dabei wird dieselbe Aufteilung in 3 und 12 Sektoren gewählt, die auch DESTATIS bei den Zusammenfassungen der Input-Output-Tabellen verwendet.

Tabelle 5 zeigt eine Übersicht der Aufteilung in 12 Sektoren mit den dazugehörigen Aufteilungen in 51 Sektoren sowie den entsprechenden EU-Produktklassifikationen von 2002 (kurz CPA 2002). Im Anhang ist eine detailliertere Auflistung der 51 untersuchten Sektoren aufgelistet.

Die 12er Klassifikation (siehe Tabelle 5) wird in die 3er Klassifikation (primärer, sekundärer und tertiärer Sektor) aggregiert, so dass der 12er-Sektor 1 dem primären Sektor, die 12er-Sektoren 2 bis 8 dem sekundären Sektor und die 12er-Sektoren 9 bis 12 dem tertiären Sektor entsprechen.

---

[1] CPA steht für *classification of products by activity* und wird als offizielle Güterklassifikation in der Europäischen Union verwendet.

Tabelle 5: Untersuchte Sektoren und Zusammenhang mit der CPA 2002

Klassifikation (12 Sektoren)	Klassifikation (51 Sektoren)	Sektorbezeichnung	CPA 2002
1	1, 2	Land- und Forstwirtschaft sowie Fischerei und Fischerzeugnisse	1, 2, 5
2	3-6, 30-32	Bergbau, Energie und Wasser	10-14, 40-41
3	15-18	Chemische Erzeugnisse und Mineralölerzeugnisse	23-26
4	19-20	Metalle und Metallerzeugnisse	27-28
5	21-27	Maschinen, Fahrzeuge, Elektronik	29-35
6	9-14, 28-29	Textilien, Holz, Papier	17-22, 36-37
7	7-8	Nahrungsmittel und Getränke	15-16
8	33	Bauarbeiten	45
9	34-43	Handel, Verkehr, Kommunikation, Gaststätten	50-52, 55, 60-64
10	44-45	Banken, Versicherungen, Wohnungswirtschaft	65-67, 70-74
11	47-49	Gesundheits- und Sozialwesen	80, 85, 90
12	46, 50-51	Öffentliche Verwaltung, Kultur, Dienstleistungen privater Haushalte	75, 91-93, 95

Damit die Ergebnisse der unterschiedlichen Jahre trotz Inflation miteinander vergleichbar sind, werden sämtliche monetäre Größen mittels der in Abschnitt 4.2 beschriebenen Deflatoren auf das Jahr 2011 normiert.

4.3.2 Unterbrechungskosten mit sektoralen Verflechtungen

Wie bereits in den vorhergegangenen Abschnitten beschrieben, sind unterschiedliche Sektoren in den Wertschöpfungsketten häufig wirtschaftlich und technisch miteinander verflochten. Produktionsausfälle aufgrund von Stromunterbrechungen innerhalb eines Sektors i können deshalb zu Ausfällen in weiteren Sektoren j führen. Aus diesem Grund wird zusätzlich zum *Value of Lost Load* eines unmittelbar betroffenen Sektors i, $VOLL_{i,\mathrm{I}}$ noch ein $VOLL_{i,\mathrm{II}}$ eingeführt. Römisch II steht hierbei für das zweite Modell. Dieser *Value of Lost Load*, $VOLL_{i,\mathrm{II}}$, ist so definiert, dass zusätzlich zum $VOLL_{i,\mathrm{I}}$ noch Folgeschäden für die nachgelagerten Sektoren j in der Volkswirtschaft berücksichtigt werden, die bei einer Stromunterbrechung im Sektor i auftreten können. Diese Folgeschäden berücksichtigen also die intersektoralen vorwärtsgerichteten Verflechtungen. Im Wesentlichen wird hierfür deshalb eine Methode angewendet, die auf dem vorwärtsgerichteten Input-Output-Modell von Ghosh basiert anstelle des rückwärtsgerichteten Input-Output-Modells von Leontief.

Zur Bestimmung des $VOLL_{i,\mathrm{II}}$ wird dieselbe Datenbasis wie zur Bestimmung des $VOLL_{i,\mathrm{I}}$ verwendet: inflationsbereinigte monetäre Input-Output-Tabellen und energetische Input-Output-Tabellen für die Berichtsjahre 2000, 2005, 2006 und 2007. Darüber hinaus wird ebenfalls dieselbe Einteilung in 51 Wirtschaftszweige und eine Zusammenfassung der Ergebnisse in 3 und 12 Sektoren genutzt.

Die im Folgenden erörterten Schritte werden dabei durchgeführt. Abbildung 21 fasst das beschriebene Vorgehen noch einmal schematisch zusammen.

■ Auswirkungen von Outputminderungen im Sektor i auf den Output in Sektor j

Nach der Aggregation in die 51 Sektoren werden zunächst die Ghosh-Inversen-Matrizen für die monetären Input-Output-Tabellen der ausgewählten Berichtsjahre berechnet. Hiermit wird, wie in Abschnitt 4.1.3 beschrieben, das Ghosh-Modell aufgestellt. Das Ghosh-Modell beschreibt jedoch Auswirkungen von Primärinputänderungen auf sektorale Outputs. Hier sollen zunächst aber Auswirkungen von Gesamtoutput-Minderungen eines Sektors i auf den Gesamtoutput nachfolgender Sektoren j quantifiziert werden. Steinback (2004) stellt einen solchen Ansatz für das die Quantifizierung von rückwärtsgerichteten Verflechtungen für das Leontief-Modell vor. Hierfür wird die Leontief-Inverse-Matrix so modifiziert, dass der Gesamtoutput von Sektor j aufgrund einer Änderung des Gesamt-outputs in Sektor i modelliert wird. Dafür werden die Elemente $\alpha_{\mathrm{L},ij}$ der Leontief-Inversen-Matrix spaltenweise mit den Diagonaleinträgen $\alpha_{\mathrm{L},jj}$ dividiert. Analog zu dieser Vorgehensweise wird die im Folgenden beschriebene Modifikation des Ghosh-Modells durchgeführt.

Δv_i sei eine Änderung des Primärinputs im Sektor i, $\alpha_{\mathrm{G},ij}$ das Element der Zeile i und Spalte j der Ghosh-Inversen-Matrix und Δx_j die Änderung des Bruttoproduktionswertes des Sektors j.

Unter der Annahme, dass die Primärinputs in den übrigen Sektoren konstant bleiben, gilt somit die Gleichung (16).

$$\Delta x_j = \Delta v_i \cdot \alpha_{\mathrm{G},ij} \tag{16}$$

Für den Sektor i selbst gilt resultierend aus (16) die Gleichung (17).

$$\Delta x_i = \Delta v_i \cdot \alpha_{\mathrm{G},ii} \tag{17}$$

Eine Substitution von Δv_i aus (16) in (17) ergibt schließlich Gleichung (18), welche Δx_j (Änderung des Bruttoproduktionswertes im Sektor j) in Abhängigkeit von Δx_i (Änderung des Bruttoproduktionswertes im Sektor i) ausdrückt.

$$\Delta x_j = \Delta x_i \cdot \frac{\alpha_{G,ij}}{\alpha_{G,ii}} \tag{18}$$

Die Elemente der Ghosh-Inversen-Matrix werden somit zeilenweise mit den jeweiligen Diagonal-Elementen in der Inversen-Matrix dividiert.

■ Auswirkungen von Minderungen der Bruttowertschöpfung im Sektor i auf die Bruttowertschöpfung in Sektor j

Nun müssen allerdings Aussagen über die Auswirkungen durch Veränderungen von BWS_i (Bruttowertschöpfung des Sektors i) auf BWS_j (Bruttowertschöpfung des Sektors j) getroffen werden. Hierfür müssen $\alpha_{G,ij}/\alpha_{G,ii}$ (Elemente der modifizierten Ghosh-Inversen) weiter modifiziert werden, um einen entsprechenden Multiplikator f_{ij} zu errechnen. Weil die Summe aller Outputs dem Bruttoproduktionswert BPW entspricht, werden die $\alpha_{G,ij}/\alpha_{G,ii}$ für die zweite Modifikation mit dem Verhältnis des Bruttoproduktionswertes zur Bruttowertschöpfung des Sektors i, BPW_i/BWS_i, und mit dem Verhältnis der Bruttowertschöpfung zum Bruttoproduktionswert des Sektors j, BWS_j/BPW_j, multipliziert.

Der Multiplikator f_{ij}, ergibt sich somit aus (19).

$$f_{ij} = \frac{BPW_i}{BWS_i} \cdot \frac{\alpha_{G,ij}}{\alpha_{G,ii}} \cdot \frac{BWS_j}{BPW_j} \tag{19}$$

■ Auswirkungen von Minderungen der Bruttowertschöpfung im Sektor i auf die Bruttowertschöpfungen aller nachfolgenden Sektoren j

Anschließend wird f_i als Multiplikator für jeden einzelnen Sektor errechnet, der aussagt, um wie viel die Wertschöpfung in der gesamten Volkswirtschaft über alle nachfolgenden Sektoren abnimmt, wenn die Wertschöpfung um eine Geldeinheit im Sektor i abnimmt. Hierfür werden die Zeilensummen der Matrix mit den Elementen f_{ij} gebildet, siehe (20).

$$f_i = \sum_{j=1}^{j=n} f_{ij} \tag{20}$$

■ Berechnung des $VOLL_{i,\mathrm{I}}$ aus dem $VOLL_{i,\mathrm{II}}$

Der $VOLL_{i,\mathrm{II}}$ errechnet sich schließlich durch die Multiplikation des $VOLL_{i,\mathrm{I}}$ mit dem errechneten Faktor f_i, siehe (21).

$$VOLL_{i,\mathrm{II}} = VOLL_{i,\mathrm{I}} \cdot f_i \tag{21}$$

4.4 Ergebnisse

Die Ergebnisse für den VOLL I, ohne sektorale Verflechtungen, sind für die Einteilung in 3 Sektoren in Tabelle 6 und für die Einteilung in 12 Sektoren in Tabelle 7 dargestellt.

Tabelle 6:   Ergebnisse für die *Values of Lost Load* I über 3 Sektoren in EUR/kWh

Sektor	VOLL I in EUR/kWh			
	2000	2005	2006	2007
Primärer Sektor	4,62	3,07	3,11	3,53
Sekundärer Sektor	1,94	1,83	1,93	1,96
Tertiärer Sektor	12,29	12,88	12,75	13,23

Tabelle 7: Ergebnisse für die *Values of Lost Load* I über 12 Sektoren in EUR/kWh

Sektor	VOLL I in EUR/kWh			
	2000	**2005**	**2006**	**2007**
Land- und Forstwirtschaft	4,62	3,07	3,11	3,53
Bergbau, Energie und Wasser	0,67	0,72	0,78	0,83
Chemische Erzeugnisse und Mineralölerzeugnisse	0,87	0,89	0,94	0,89
Metalle	1,17	1,11	1,21	1,26
Maschinen, Fahrzeuge, Elektronik	4,87	4,90	5,21	5,13
Textilien, Holz, Papier	1,81	1,52	1,51	1,56
Nahrungsmittel und Getränke	2,13	1,83	1,79	1,79
Bauarbeiten	29,86	24,16	22,92	23,94
Handel, Verkehr, Kommunikation, Gaststätten	5,64	5,62	5,66	5,83
Banken, Versicherungen, Wohnungswirtschaft	39,59	38,39	39,57	41,22
Gesundheits- und Sozialwesen	15,47	17,06	15,53	16,00
Öffentliche Verwaltung, Kultur, Dienstleistungen privater Haushalte	12,55	13,17	12,81	13,57

Die Tabellen 8 und 9 zeigen die Ergebnisse für den VOLL II_I, also mit Berücksichtigung des Einflusses von sektoralen Verflechtungen, bei einer Einteilung in respektive 3 und 12 Sektoren.

Tabelle 8: Ergebnisse für die *Values of Lost Load* II über 3 Sektoren in EUR/kWh

Sektor	VOLL II in EUR/kWh			
	2000	**2005**	**2006**	**2007**
Primärer Sektor	6,97	4,85	4,93	5,46
Sekundärer Sektor	3,91	3,16	3,25	3,33
Tertiärer Sektor	16,77	16,94	16,59	17,32

Tabelle 9: Ergebnisse für die *Values of Lost Load* II über 12 Sektoren in EUR/kWh

Sektor	VOLL II in EUR/kWh			
	2000	2005	2006	2007
Land- und Forstwirtschaft	6,97	4,85	4,93	5,46
Bergbau, Energie und Wasser	2,35	1,68	1,68	1,78
Chemische Erzeugnisse und Mineralölerzeugnisse	1,65	1,55	1,63	1,61
Metalle	2,06	1,88	2,07	2,16
Maschinen, Fahrzeuge, Elektronik	5,86	5,82	6,12	6,05
Textilien, Holz, Papier	2,77	2,39	2,33	2,41
Nahrungsmittel und Getränke	2,76	2,37	2,28	2,31
Bauarbeiten	41,81	33,50	31,89	33,53
Handel, Verkehr, Kommunikation, Gaststätten	8,15	7,62	7,60	7,91
Banken, Versicherungen, Wohnungswirtschaft	59,84	56,47	57,42	59,44
Gesundheits- und Sozialwesen	16,38	18,20	16,51	17,07
Öffentliche Verwaltung, Kultur, Dienstleistungen privater Haushalte	14,97	16,04	15,63	16,59

Die Ergebnisse für die Aufteilung in 51 Sektoren sind aus Gründen der Übersichtlichkeit zunächst graphisch als Vergleich von VOLL I und VOLL II dargestellt. Abbildung 21 ist eine Darstellung in Boxplots (mit 5- und 95-Prozent-Whisker) während Abbildungen 22 und 23 eine Merit-Order zeigen. Abgebildet sind die Mittelwerte der Ergebnisse über die vier untersuchten Jahre. Die Ordinate in Abbildung 22 ist aus Darstellungsgründen bei einem Wert von 30 EUR/kWh beziehungsweise 30.000 EUR/MWh gekappt.

Als Form der Darstellung wird in Abbildung 22 und 23 die in der Elektrizitätswirtschaft häufig verwendete Merit-Order gewählt, die dort die Grenzkosten der Elektrizitätserzeugung geordnet von den niedrigsten zu den höchsten abbildet und dadurch der Angebotskurve für Elektrizität entspricht. Wie bereits im Kapitel 3 beschrieben, kann der Verzicht von Verbrauch ebenfalls als Bereitstellung von Kapazität interpretiert werden. Deshalb sind die *Values of Lost Load* hier in der Form einer Merit-Order der *Values of Lost Load* dargestellt. Abbildung 23 zeigt die Ergebnisse für die Werte mit den geringsten *Values of Lost Load* in einer Detailansicht.

Eine detaillierte tabellarische Auflistung mit den Ergebnissen der vier untersuchten Jahre wird am Ende dieses Abschnittes in den Tabellen 10 und 11 (VOLL I) sowie 12 und 13 (VOLL II) aufgeführt.

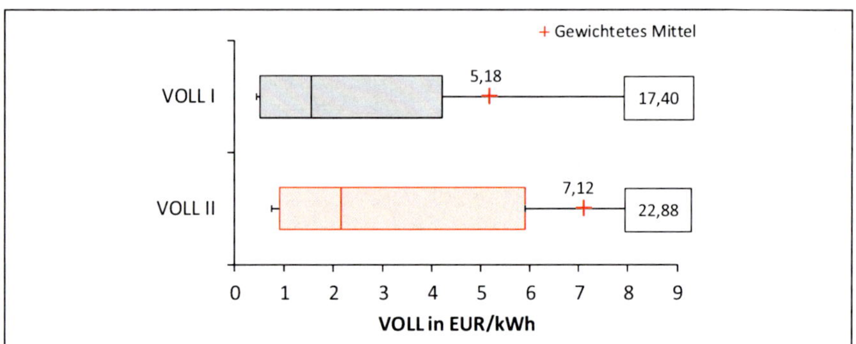

Abbildung 21:   Verbrauchsgewichtete Verteilung der *Values of Lost Load* über die 51 Wirtschaftssektoren

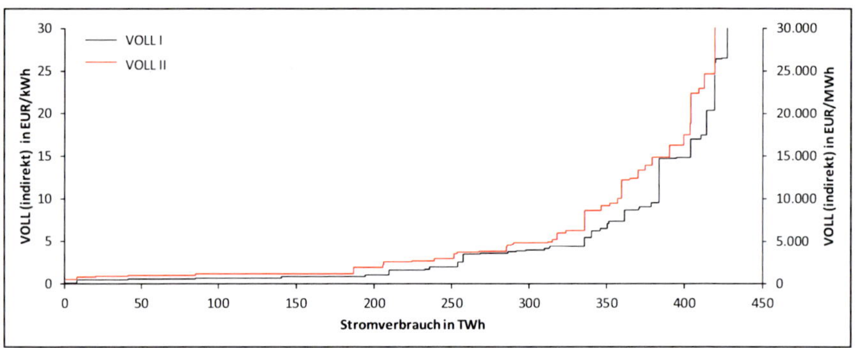

Abbildung 22:   Merit-Order der *Values of Lost Load* für die 51 Wirtschaftssektoren

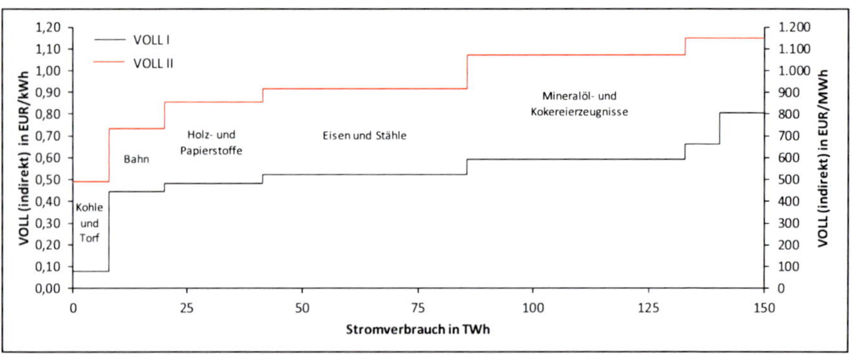

Abbildung 23:   Merit-Order der *Values of Lost Load* für die 51 Wirtschaftssektoren für die ersten 150 TWh

Tabelle 10: Ergebnisse für die *Values of Lost Load* I über 51 Sektoren in EUR/kWh

Sektor	VOLL I in EUR/kWh			
	2000	2005	2006	2007
Landwirtschaft, Jagd und Forstwirtschaft sowie forstwirtschaftliche Dienstleistungen	4,72	3,28	3,34	3,83
Fische und Fischereierzeugnisse	1,55	1,72	1,70	2,16
Kohle und Torf	0,03	0,08	0,09	0,12
Erdöl, Erdgas, Dienstleistungen für Erdöl-, Erdgasgewinnung	3,34	2,31	4,54	3,90
Gewinnung von Erzen (einschließlich von Uran- und Thoriumerzen)	0,00	0,00	0,00	0,00
Steine und Erden, sonstige Bergbauerzeugnisse	1,63	1,50	1,69	1,75
Nahrungs- und Futtermittel, Getränke	2,07	1,90	1,86	1,89
Tabakerzeugnisse	4,59	3,42	4,04	3,64
Textilien	1,21	1,63	1,62	1,72
Bekleidung	3,02	8,55	9,45	14,51
Leder und Lederwaren	2,31	4,63	4,28	5,59
Holz; Holz-, Kork-, Flechtwaren (ohne Möbel)	1,76	1,48	1,48	1,47
Holzstoff, Zellstoff, Papier, Karton und Pappe sowie Waren daraus	0,51	0,46	0,48	0,47
Verlags- und Druckerzeugnisse, bespielte Ton-, Bild- und Datenträger	6,59	4,81	4,23	6,23
Kokereierzeugnisse, Mineralölerzeugnisse, Spalt- und Brutstoffe	0,51	0,71	0,84	0,59
Chemische Erzeugnisse (inkl. pharmazeutische Erzeugnisse)	0,70	0,80	0,86	0,87
Gummi- und Kunststoffwaren	1,58	1,59	1,55	1,52
Glas, Glaswaren, Keramik, bearbeitete Steine und Erden	1,05	0,94	0,97	0,92
Roheisen, Stahl, Nichteisenmetalle, Rohre und Halbzeug daraus, Gießereierzeugnisse	0,44	0,49	0,53	0,62
Metallerzeugnisse	4,17	3,75	3,96	3,81
Maschinen	6,75	7,27	7,48	7,85
Büromaschinen, Datenverarbeitungsgeräte und -einrichtungen	11,77	11,87	9,49	12,28
Geräte der Elektrizitätserzeugung, -verteilung und Ähnliches	6,41	5,97	6,57	5,69
Nachrichtentechnik, Rundfunk- und Fernsehgeräte, elektronische Bauelemente	4,22	3,50	3,23	4,33
Medizin-, Mess-, Regelungstechnik, optische Erzeugnisse, Uhren	8,68	10,22	10,17	7,00
Kraftwagen und Kraftwagenteile	2,86	3,45	3,89	3,97
Sonstige Fahrzeuge (Wasser-, Schienen-, Luftfahrzeuge und andere)	3,02	3,90	4,24	4,26

Tabelle 11: Ergebnisse für die *Values of Lost Load* I über 51 Sektoren in EUR/kWh (Fortsetzung)

Sektor	VOLL I in EUR/kWh			
	2000	2005	2006	2007
Möbel, Schmuck, Musikinstrumente, Sportgeräte, Spielwaren und Ähnliches	4,03	4,32	3,95	4,16
Sekundärrohstoffe	1,45	1,48	1,66	2,16
Elektrizität und Fernwärme, Dienstleistungen der Elektrizitäts- und Fernwärmeversorgung	0,53	0,59	0,61	0,64
Gase, Dienstleistungen der Gasversorgung	3,86	6,23	7,73	10,41
Wasser und Dienstleistungen der Wasserversorgung	1,93	2,63	2,56	2,85
Vorbereitende Baustellenarbeiten, Hoch- und Tiefbauarbeiten, Bauinstallations- und sonstige Bauarbeiten	29,86	25,47	24,25	25,74
Handelsleistungen mit Kraftfahrzeugen; Reparaturen an Kraftfahrzeugen; Tankleistungen	6,99	9,86	10,28	10,67
Handelsvermittlungs- und Großhandelsleistungen	19,83	16,12	14,57	17,38
Einzelhandelsleistungen; Reparatur an Gebrauchsgütern	4,29	4,25	4,51	4,61
Beherbergungs- und Gaststätten-Dienstleistungen	3,46	3,50	3,30	3,73
Eisenbahn-Dienstleistungen	0,38	0,44	0,47	0,49
Sonstige Landverkehrsleistungen, Transportleistungen in Rohrfernleitungen	5,99	6,26	6,65	6,89
Schifffahrtsleistungen	0,00	0,00	0,00	0,00
Luftfahrtleistungen	11.073	10.754	2.038	2.251
Dienstleistungen bezüglich Hilfs- und Nebentätigkeiten für den Verkehr	6,78	8,96	9,28	9,74
Nachrichtenübermittlungs-Dienstleistungen	8,12	9,32	9,46	7,54
Kredit- und Versicherungsgewerbe (ohne Sozialversicherung)	19,60	28,15	29,56	28,68
Dienstleistungen (Grundstück, Vermietung, Datenbanken, Forschung und Entwicklung, Unternehmens-Dienstleistungen)	47,45	43,84	44,89	48,01
Öffentliche Verwaltung, Verteidigung, Sozialversicherung	12,49	15,46	15,07	15,96
Erziehungs- und Unterrichts-Dienstleistungen	17,94	21,95	20,03	21,46
Dienstleistungen des Gesundheits-, Veterinär- und Sozialwesens	13,68	15,71	14,34	14,84
Abwasser-, Abfallbeseitigungs- und sonstige Entsorgungsleistungen	24,76	26,61	25,84	26,57
Kultur-, Sport- und Unterhaltungs-Dienstleistungen	10,01	8,59	8,42	8,89
Dienstleistungen von Interessenvertretungen, Kirchen und Ähnliches, sonstige Dienstleistungen, Dienstleistungen privater Haushalte	15,81	17,40	16,83	19,55

Tabelle 12: Ergebnisse für die *Values of Lost Load* II über 51 Sektoren in EUR/kWh

Sektor	VOLL II in EUR/kWh			
	2000	2005	2006	2007
Landwirtschaft, Jagd und Forstwirtschaft sowie forstwirtschaftliche Dienstleistungen	7,15	5,21	5,33	5,95
Fische und Fischereierzeugnisse	1,93	2,06	2,00	2,60
Kohle und Torf	0,44	0,45	0,44	0,63
Erdöl, Erdgas, Dienstleistungen für Erdöl-, Erdgasgewinnung	4,00	2,82	5,38	4,93
Gewinnung von Erzen (einschließlich von Uran- und Thoriumerzen)	0,00	0,00	0,00	0,00
Steine und Erden, sonstige Bergbauerzeugnisse	3,42	3,34	3,54	3,56
Nahrungs- und Futtermittel, Getränke	2,70	2,47	2,37	2,46
Tabakerzeugnisse	4,59	3,42	4,04	3,64
Textilien	1,48	2,03	1,97	2,08
Bekleidung	3,15	8,96	10,05	15,36
Leder und Lederwaren	2,77	5,40	4,94	6,47
Holz; Holz-, Kork-, Flechtwaren (ohne Möbel)	3,27	2,74	2,78	2,78
Holzstoff, Zellstoff, Papier, Karton und Pappe sowie Waren daraus	0,94	0,82	0,84	0,82
Verlags- und Druckerzeugnisse, bespielte Ton-, Bild- und Datenträger	11,53	8,22	7,31	10,70
Kokereierzeugnisse, Mineralölerzeugnisse, Spalt- und Brutstoffe	2,23	2,84	3,52	2,98
Chemische Erzeugnisse (inkl. pharmazeutische Erzeugnisse)	1,09	1,13	1,19	1,19
Gummi- und Kunststoffwaren	2,68	2,56	2,52	2,53
Glas, Glaswaren, Keramik, bearbeitete Steine und Erden	2,05	1,82	1,85	1,75
Roheisen, Stahl, Nichteisenmetalle, Rohre und Halbzeug daraus, Gießereierzeugnisse	0,79	0,86	0,93	1,08
Metallerzeugnisse	6,58	5,86	6,14	6,08
Maschinen	7,99	8,49	8,68	9,12
Büromaschinen, Datenverarbeitungsgeräte und -einrichtungen	20,90	19,83	15,33	19,04
Geräte der Elektrizitätserzeugung, -verteilung und Ähnliches	9,48	8,99	9,60	8,41
Nachrichtentechnik, Rundfunk- und Fernsehgeräte, elektronische Bauelemente	5,70	4,79	4,33	5,67
Medizin-, Mess-, Regelungstechnik, optische Erzeugnisse, Uhren	10,10	11,01	11,09	7,66
Kraftwagen und Kraftwagenteile	3,08	3,68	4,13	4,22
Sonstige Fahrzeuge (Wasser-, Schienen-, Luftfahrzeuge und andere)	3,72	4,98	5,28	5,46

Tabelle 13: Ergebnisse für die *Values of Lost Load* II über 51 Sektoren in EUR/kWh (Fortsetzung)

Sektor	VOLL II in EUR/kWh			
	2000	2005	2006	2007
Möbel, Schmuck, Musikinstrumente, Sportgeräte, Spielwaren und Ähnliches	4,34	4,67	4,28	4,53
Sekundärrohstoffe	3,86	4,42	4,66	5,53
Elektrizität und Fernwärme, Dienstleistungen der Elektrizitäts- und Fernwärmeversorgung	0,99	1,07	1,07	1,14
Gase, Dienstleistungen der Gasversorgung	6,82	11,01	13,39	17,79
Wasser und Dienstleistungen der Wasserversorgung	2,72	3,89	3,79	4,24
Vorbereitende Baustellenarbeiten, Hoch- und Tiefbauarbeiten, Bauinstallations- und sonstige Bauarbeiten	41,81	35,33	33,73	36,05
Handelsleistungen mit Kraftfahrzeugen; Reparaturen an Kraftfahrzeugen; Tankleistungen	9,12	12,57	13,09	13,89
Handelsvermittlungs- und Großhandelsleistungen	29,63	23,26	20,98	24,63
Einzelhandelsleistungen; Reparatur an Gebrauchsgütern	4,59	4,56	4,88	4,99
Beherbergungs- und Gaststätten-Dienstleistungen	3,93	3,59	3,32	3,74
Eisenbahn-Dienstleistungen	0,72	0,69	0,72	0,79
Sonstige Landverkehrsleistungen, Transportleistungen in Rohrfernleitungen	12,10	12,92	13,67	14,19
Schifffahrtsleistungen	0,00	0,00	0,00	0,00
Luftfahrtleistungen	21.07	23.777	4.588	5.198
Dienstleistungen bezüglich Hilfs- und Nebentätigkeiten für den Verkehr	15,01	17,82	18,10	18,78
Nachrichtenübermittlungs-Dienstleistungen	14,12	14,81	14,76	11,79
Kredit- und Versicherungsgewerbe (ohne Sozialversicherung)	34,26	48,33	49,46	47,39
Dienstleistungen (Grundstück, Vermietung, Datenbanken, Forschung und Entwicklung, Unternehmens-Dienstleistungen)	67,32	61,55	62,68	66,84
Öffentliche Verwaltung, Verteidigung, Sozialversicherung	13,62	16,98	16,51	17,54
Erziehungs- und Unterrichts-Dienstleistungen	19,47	24,33	21,92	23,73
Dienstleistungen des Gesundheits-, Veterinär- und Sozialwesens	13,77	15,80	14,45	14,93
Abwasser-, Abfallbeseitigungs- und sonstige Entsorgungsleistungen	43,28	48,07	47,54	49,65
Kultur-, Sport- und Unterhaltungs-Dienstleistungen	13,65	11,72	11,55	12,27
Dienstleistungen von Interessenvertretungen, Kirchen und Ähnliches, sonstige Dienstleistungen, Dienstleistungen privater Haushalte	20,61	22,87	22,27	25,79

4.5 Interpretation und Diskussion

Die hier verwendete Methode zeigt die intersektoralen Unterschiede bei den Unterbrechungskosten auf. Intrasektorale Verteilungen der Kosten werden jedoch nicht ermittelt. Stattdessen werden die für die jeweiligen Sektoren durchschnittlichen Kosten geschätzt.

Die ermittelten Kosten von Versorgungsunterbrechungen berücksichtigen ausschließlich Opportunitätskosten aufgrund von Ausfällen der Wertschöpfung. Weitere Kostenbestandteile (wie beispielsweise materielle Schäden an Produktionsanlagen oder elektronischen Geräten) können mittels dieser theoretisch-makroökonomischen Methode nicht erfasst werden. Die hier ermittelten Ergebnisse stellen deshalb möglicherweise nur einen Teil der Unterbrechungskosten dar, so dass die tatsächlich anfallenden Kosten gegebenenfalls höher liegen. In diesem Zusammenhang wird folgende Hypothese aufgestellt:

Hypothese 4-1

> Die tatsächlichen Kosten nähern sich den mittels des theoretisch-makroökonomischen Ansatzes ermittelten Kosten an, falls die betroffenen Unternehmen sich mit ausreichender Vorlaufzeit auf eine geplante Versorgungsunterbrechung vorbereiten können. Weitere Kostenbestandteile können durch eine ausreichend frühzeitige Ankündigung der Unterbrechungen tendenziell minimiert werden.

Werden wirtschaftliche Verflechtungen in der Ermittlung von Unterbrechungskosten mitberücksichtigt, so steigen diese Kosten teilweise signifikant an. Der normierte Ghosh-Multiplikator zwischen den ermittelten *Values of Lost Load* I und *Values of Lost Load* II liegt im mit den Stromverbräuchen gewichteten Mitteln bei rund 1,67. Sektoren, deren Produkte in den Wertschöpfungsketten tendenziell weiter vorne liegen, haben dabei einen höheren normierten Ghosh-Multiplikator als Sektoren, deren Produkte in den Wertschöpfungsketten tendenziell weiter hinten eingesetzt werden. So beträgt der normierte Ghosh-Multiplikator beispielsweise im Sektor Kohle und Torf im Durchschnitt sehr hohe 7,4. Interessanterweise nimmt dieser Multiplikator im Verlauf der Zeit jedoch tendenziell ab. Im Jahr 2000 beträgt der Multiplikator noch 13,4. In den Jahren 2005 bis 2007 betrug der Multiplikator nur noch 4,9 bis 5,8, was allerdings immer noch ein vergleichsweise hoher Wert ist. Beispielsweise ist der normierte Ghosh-Multiplikator dagegen in den Sektoren Tabakerzeugnisse oder Gaststättendienstleistungen relativ niedrig mit Werten von im Durchschnitt 1,0.

Somit stellt sich die Frage, in welchen Fällen der *Value of Lost Load* I und in welchen Fällen der *Value of Lost Load* II für die Bestimmung der ökonomischen Folgen einer Stromunterbrechung relevant ist. In diesem Zusammenhang wird folgende Hypothese aufgestellt:

Hypothese 4-2

> Kurze Produktionsausfälle in wertschöpfungsmäßig vorgelagerten Unternehmen können unter Umständen durch eine vorhandene Lagerhaltung der entsprechenden Input-Produkte kompensiert werden. Bei ausreichend kurzen Unterbrechungsdauern beschränken sich die indirekten Kosten tendenziell auf den *Value of Lost Load* I. Weil die Kapazitäten solcher Lager jedoch begrenzt sind, können diese eventuellen Puffermöglichkeiten bei längeren Ausfällen unzureichend sein. In diesen Fällen weiten sich die volkswirtschaftlichen Kosten auf nachfolgende Sektoren aus, so dass der *Value of Lost Load* II maßgeblich wird.

Die Ergebnisse zeigen, dass die *Values of Lost Load* über die untersuchten Wirtschaftsbereiche hinweg insgesamt sehr ungleich verteilt sind. Allerdings lassen sich Tendenzen erkennen.

■ Generell haben Unternehmen des produzierenden Gewerbes (aus dem sekundären Sektor) tendenziell den niedrigsten *Value of Lost Load*. Dieser beträgt im Mittel 1,91 EUR/kWh (*Value of Lost Load* I) und steigt unter Berücksichtigung von Unterbrechungen in den Wertschöpfungsketten mit einem Multiplikator von rund 1,8 auf 3,41 EUR/kWh (*Value of Lost Load* II) an. Die Ergebnisse für die Aufteilung in 51 Sektoren zeigen, dass Unternehmen des Baugewerbes mit einem *Value of Lost Load* von 26,33 EUR/kWh (*Value of Lost Load* I) und 36,73 EUR/kWh (*Value of Lost Load* II) Ausreißer nach oben darstellen. Eine mögliche Erklärung hierfür ist, dass die Erfassung der Stromverbräuche auf Baustellen problematisch ist und unterschätzt wird. Schlomann *et al.* (2004) vermuten die Ursache für diese Erhebungsproblematik darin, dass die Ausgaben für Elektrizität häufig von den Bauherren und nicht von den Bauunternehmen getragen werden.

■ Auf die Unternehmen des produzierenden Gewerbes (aus dem sekundären Sektor) folgen in der Höhe des Value of Lost Load die Unternehmen der Landwirtschaft (aus dem primären Sektor). Der *Value of Lost Load* I beträgt hier im Mittel 3,58 EUR/kWh und steigt im Falle des Value of Lost Load II bei einem Multiplikator von 1,6 auf 5,55 EUR/kWh an.

■ Die höchsten *Values of Lost Load* haben mit großem Abstand generell dienstleistende Unternehmen aus dem tertiären Sektor. Im Mittel beträgt der *Value of Lost Load* I in diesem Sektor 12,79 EUR/kWh. Der *Value of Lost Load* II beträgt durchschnittlich 16,91 EUR/kWh, so dass zwischen den beiden *Values of Lost Load* ein Faktor von rund 1,3 liegt. In der 12er-Klassifikation stellt der Finanzdienstleistungssektor (Banken, Versicherungen, Wohnungswirtschaft) den Wirtschaftsbereich mit dem höchsten *Value of Lost Load* dar mit 36,69 EUR/kWh (*Value of Lost Load* I), der weiter auf 58,29 (*Value of Lost Load* II) ansteigt. Dieser Anstieg vom *Value of Lost Load* I zum *Value of Lost Load* II entspricht einem Multiplikator von 1,6.

Unternehmen aus Sektoren mit besonders hohen als auch Unternehmen aus Sektoren mit besonders niedrigen *Values of Lost Load* könnten sich allerdings als interessante Kandidaten für bestimmte Anwendungsfelder herausstellen. Im weiteren Verlauf werden die Beispiele von Notstromversorgungen und Abschaltmaßnahmen diskutiert.

Unter der Annahme komplementärer Inputs bedeuten relativ hohe *Values of Lost Load* für die Unternehmen der betreffenden Sektoren, dass Elektrizität einen besonders kritischen Input darstellt. Eine Versorgungsunterbrechung würde, relativ gemessen zum eigentlich geplanten Stromverbrauch, mit sehr hohen Kosten einhergehen. Deshalb können hohe *Values of Lost Load* ein Hinweis darauf sein, dass bestimmte Sektoren sich mit Notstromsystemen ausrüsten sollten. Ökonomisch wäre dies letztendlich eine effiziente Maßnahme, falls das für das Gesamtsystem definierte optimale Sicherheitsniveau in den jeweiligen Sektoren mit höheren Unterbrechungskosten einhergeht im Vergleich zu den Stromgestehungskosten solcher Notstromsysteme.

Sektoren mit den niedrigsten *Values of Lost Load* können hingegen potenzielle Kandidaten für gezielte Abschaltmaßnahmen darstellen. Solche Maßnahmen können sich, wie bereits im Abschnitt 3.2 beschrieben, sowohl technisch als auch ökonomisch als sinnvoll erweisen, falls andere Möglichkeiten kurzfristig benötigte Elektrizität anzubieten teurer sind als der *Value of Lost Load*. Unter Umständen können durch solche gezielte Maßnahmen großflächige Stromausfälle für sämtliche Stromabnehmer vermieden werden, unter anderem auch bei den Abnehmern, die sehr hohe *Values of Lost Load* haben. Allerdings sollte vorab geprüft werden, ob und in welcher Höhe bei den Unternehmen bei solchen Abschaltmaßnahmen weitere Kostenbestandteile außer den ermittelten *Values of Lost Load* als indirekte Kosten auftreten. Zudem sollte genau geprüft werden, inwiefern sich die Kosten auf den *Value of Lost Load* I beschränken und unter welchen Voraussetzungen Versorgungsunterbrechungen in den betroffenen Unternehmen zu Produktionsausfällen in den nachgelagerten Sektoren führen und die Kosten damit dem *Value of Lost Load* II entsprechen.

Die bereits im Abschnitt 3.2 beschriebene Abschaltverordnung sieht vor, geplante Versorgungsunterbrechungen mit einem Arbeitspreis von bis zu 400 EUR/MWh und einem Leistungspreis von 2.500 Euro je Megawatt und Monat zu kompensieren. Die ermittelten *Values of Lost Load* I von Unternehmen aus den Sektoren Kohle und Torf, Bahndienstleistungen, Holz- und Papierstoffe und Metallerzeugnisse liegen mit Werten unter 520 EUR/MWh womöglich in dem Bereich dieser Kompensationszahlungen. Wie bereits beschrieben, handelt es sich bei den hier ermittelten *Values of Lost Load* um sektorale Durchschnittswerte, so dass einige Unternehmen dieser Sektoren vermutlich sogar *Values of Lost Load* von unter 400 EUR/MWh haben. Unter den beschriebenen Voraussetzungen könnten sich Unternehmen aus diesen Sektoren deshalb gegebenenfalls an diesem geplanten Abschaltmechanismus beteiligen, selbst wenn Produktionsausfälle damit einhergehen. Darüber hinaus könnten sich Unternehmen aus diesen Sektoren möglicherweise auch an weiteren Abschaltmaßnahmen beteiligen, um den Zubau von Spitzenlastkraftwerken zu vermeiden, die jährlich weniger als 100 Vollbetriebsstunden betrieben werden (siehe Beispielrechnung im Abschnitt 3.2).

4.6 Kritische Würdigung und weiterer Forschungsbedarf

Dieser letzte Abschnitt des Kapitels Versorgungssicherheit für Unternehmen widmet sich der kritischen Würdigung der Methoden, die zur Bestimmung der Unterbrechungskosten in Unternehmen im Rahmen dieser Arbeit verwendet werden, und zeigt den weiteren Forschungsbedarf auf dem Gebiet auf.

Wie bei allen makroökonomischen Ansätzen zur Bestimmung von Unterbrechungskosten werden bei der verwendeten Input-Output-Analyse lediglich die laufenden Opportunitätskosten ermittelt. Vermögensschäden, beispielsweise durch Datenverluste, bleiben bei diesen Betrachtungen somit gänzlich unberücksichtigt. Die effektiven Kosten bei Versorgungsunterbrechungen können in der Realität deshalb wesentlich höher liegen als in diesem Zusammenhang ermittelt. Die Ermittlung von durchschnittlichen Opportunitätskosten macht eine Messbarkeit der Einflüsse unterschiedlicher Ausprägungen bei einer Versorgungsunterbrechung zudem nicht möglich. Hierdurch bleiben die Einflüsse von beispielsweise Tageszeit, Saison oder Dauer der Versorgungsunterbrechung auf die Höhe der Kosten unberücksichtigt. Weiterer Untersuchungsbedarf besteht hier für die Unterbrechungskosten, die unabhängig von den Unterbrechungsdauern anfallen. Gerade im Hinblick auf die sich mehrenden Meldungen, dass sehr kurze Versorgungsunterbrechungen in letzter Zeit signifikant an Häufigkeit zugenommen haben, siehe Bier (2012), gewinnt dieser Kostenanteil zunehmend an Bedeutung. Es wird vermutet, dass Unternehmen die Kosten von Versorgungsunterbrechungen auf die hier ermittelten Opportunitätskosten reduzieren können, falls die Unternehmen mit ausreichenden Vorlaufzeiten vorab in Kenntnis über die bevorstehenden Unterbrechungen gesetzt werden. Dies bedarf allerdings einer Validierung oder Falsifizierung anhand von weiteren Forschungsarbeiten.

Eine Annahme des Modells ist, dass die Wertschöpfung der Unternehmen perfekt mit dem Stromverbrauch korreliert. Allerdings werden bestimmte Anwendungen wie beispielsweise für Lüftungs- oder Kühlungsanlagen aufgrund von physikalischen Trägheiten keine perfekte Korrelation mit der Wertschöpfung haben. Damit ist durchaus vorstellbar, dass eine Versorgungsunterbrechung bei ausgewählten Stromverbrauchseinheiten wesentlich geringere *Values of Lost Load* vorweisen und damit auch geeignete Kandidaten für Abschaltmaßnahmen sein könnten. Dies sollte im Rahmen von weiteren wissenschaftlichen Untersuchungen überprüft werden, siehe auch Grein (2013).

Im Rahmen der Input-Output-Analyse werden Unterbrechungskosten für eine bei solchen Untersuchungen sehr große Anzahl von Wirtschaftssektoren ermittelt. In den hier behandelten Fällen sind es insgesamt 51 Sektoren. Trotzdem stellen die ermittelten Kosten nur Durchschnittswerte für die jeweiligen Sektoren dar. Weil Unternehmen eines Sektors in der Realität jedoch trotz gleicher Sektorzugehörigkeit verschiedene Zulieferer und Kunden, Produktionsprozesse sowie Produkte haben können, können auch die Kosten bei Stromunterbrechungen von Unternehmen zu Unternehmen unterschiedlich hoch ausfallen. Deshalb stellen die aggregierten Durchschnittswerte Vereinfachungen dar, die keinerlei Aussagen über die Verteilung der Kosten innerhalb der Sektoren ermöglichen. Eine solche Untersuchung sollte im Rahmen von zukünftigen Arbeiten zumindest für die hier ermittelten Sektoren mit den niedrigsten *Values of Lost Load* (Kohle und Torf, Bahn, Holz- und Papierstoffe, Eisen und Stähle, Mineralöl- und Kokerei-Erzeugnisse) durchgeführt werden.

Zur Bestimmung der Konsequenzen von Stromunterbrechungen unter Berücksichtigung von sektoralen Verflechtungen verwendet diese Arbeit ein Modell, welches auf dem Input-Output-Modell von Ghosh basiert. Die Verwendung des Ghosh-Modells zur Ermittlung von vorwärtsgerichteten Verflechtungen (*forward linkages*) ist allerdings umstritten. Oosterhaven (1988) und de Mesnard

(2009) argumentieren gegen die Plausibilität des Ghosh-Modells. Die perfekte Substituierbarkeit der Inputs würde bedeuten, dass die Nachfrage der in der Wertschöpfung nachgelagerten Sektoren auch perfekt auf eine Änderung des Angebots in den vorgelagerten Sektoren reagiert. So würde beispielsweise eine Erhöhung des Angebots auch nachgefragt werden, obwohl hierfür gegebenenfalls keine zusätzliche Nachfrage vorhanden ist. Für den Fall, dass Sektor i mit sämtlichen anderen Sektoren verflochten ist, müsste eine Reduktion des Outputs von Sektor i um einen Anteil von s_i (bei vollständig komplementären Inputfaktoren) stattdessen zu einer Schrumpfung der gesamten Volkswirtschaft um den Anteil s_i führen. Park (2006) hingegen argumentiert, dass diese Kritiken nicht auf die von Ghosh formulierte Bedingung der Inoperabilität der Anbieter eingehen. So sei das Ghosh-Modell auf den speziellen Fall kurzfristiger Reduktionen (im Gegensatz zu Erhöhungen oder langfristigen strukturellen Änderungen) der Angebotsmenge, wie beispielsweise verursacht durch Naturkatastrophen oder terroristische Akte, anwendbar. Auf kurzfristige Reduktionen der Angebotsmenge müssen Nachfrager zwangsweise reagieren, wohingegen Nachfrager bei kurzfristigen Erhöhungen der Angebotsmenge nicht zwingend eine größere Menge kaufen müssen. Weitere wissenschaftliche Studien sollten sich ebenfalls auf die Bedingungen und Voraussetzungen für die Fortpflanzung von Unterbrechungskosten konzentrieren, so dass vermieden werden kann, dass bei Abschaltmaßnahmen der *Value of Lost Load* I auf den *Value of Lost Load* II ansteigt.

5 Versorgungssicherheit für private Haushalte: theoretisch-mikroökonomischer Ansatz

Nach der Schätzung des Nutzens von Versorgungssicherheit für volkswirtschaftliche Sektoren behandelt sowohl dieses Kapitel 5 als auch das folgende Kapitel 6 die Schätzung des Nutzens von Versorgungssicherheit für private Haushalte. Der Nutzen von Versorgungssicherheit wird dabei wieder in Form von Kosten von Versorgungsunterbrechungen monetär geschätzt. Haushalte verwenden Elektrizität im Gegensatz zu Unternehmen nicht mit dem Ziel der Gewinnerzielung. Vielmehr wird Elektrizität in den Haushalten dazu verwendet, alltägliche Aufgaben zu erleichtern, zusätzlichen Komfort zu generieren oder Freizeitaktivitäten nachzugehen. Dadurch ist eine direkte monetäre Bewertung des Nutzens im Gegensatz zu der Bestimmung bei Unternehmen nicht ohne Weiteres möglich.

Die Kosten für Versorgungsunterbrechungen in Haushalten werden anhand von zwei unterschiedlichen Ansätzen ermittelt: In Kapitel 5 mit einem theoretisch-mikroökonomischen Ansatz und in Kapitel 6 mit einem Ansatz basierend auf geäußerten Präferenzen und direkten Erhebungen. Eine Beschreibung beider Methoden ist im Abschnitt 3.3 zu finden.

Die Motivation, zwei unterschiedliche Methoden für dieselbe Fragestellung anzuwenden, liegt in der Hoffnung, zusätzliche Erkenntnisse und gegebenenfalls eine Validierung oder Falsifizierung der ersten Ergebnisse zu erlangen.

Bei dem hier verwendeten Ansatz sollen die Kosten von Versorgungsunterbrechungen anhand eines theoretisch-mikroökonomischen Bottom-Up-Modells und einer Simulation geschätzt werden, indem Zusammenhänge zwischen einer Elektrizitätsversorgung sowie Haushalts- und Freizeitaktivitäten abgebildet werden. Damit der Nutzen von Haushalts- und Freizeitaktivitäten und damit auch der Elektrizitätsversorgung monetär bewertet werden kann, greift diese Arbeit auf die Theorie von Becker (1965) zurück, die zunächst im Abschnitt 5.1 vorgestellt wird. In Abschnitt 5.2 werden die für das im Abschnitt 5.3 erläuterte Bottom-Up-Modell und die Simulation verwendeten Datengrundlagen präsentiert. Die Modell- und Simulationsergebnisse werden im Abschnitt 5.4 gezeigt und im Abschnitt 5.5 interpretiert und diskutiert. In Abschnitt 5.6 wird das Vorgehen abschließend kritisch gewürdigt sowie der weitere Forschungsbedarf aufgezeigt.

5.1 Verwendete Annahmen und theoretische Grundlagen: monetäre Bewertung von Freizeit

Im Folgenden wird die für die Modellierung verwendete Annahme zur monetären Bewertung von Freizeit erläutert.

Das Konzept für die monetäre Bewertung von Freizeit stammt ursprünglich von dem Ökonomen und Nobelpreisträger Gary Becker (1965). Da die Methode im Wesentlichen auf diesem Konzept beruht, soll das Konzept von Becker (1965) in diesem Teil der Arbeit näher erläutert werden.

Der traditionellen mikroökonomischen Theorie nach maximieren Haushalte ihren Nutzen, ausgedrückt durch eine Nutzenfunktion U, welcher abhängig ist von dem Konsum einer Menge von Marktgütern y, siehe (22) und für weiterführende Literatur beispielsweise Varian (2009).

$$U = U(y_1, y_2, \ldots, y_n) \tag{22}$$

Dabei müssen die Haushalte jedoch als Nebenbedingung für die Maximierung eine Restriktion der verfügbaren finanziellen Ressourcen beachten, die sich aus den Preisen der Marktgüter p und dem verfügbaren Einkommen I ergibt, siehe (23). Das verfügbare Einkommen I wiederum setzt sich zusammen aus der Arbeitsvergütung W und sonstigem Einkommen V, wie beispielsweise Transferleistungen wie Kindergeld.

$$\sum_{i=1}^{i=n} p_i \cdot y_i \leq I = V + W \tag{23}$$

Becker (1965) erweitert diese Theorie zum Zweck der monetären Bewertung von Freizeit. Grundlage dieser Theorie ist die Annahme, dass private Haushalte sowohl Konsumenten als auch Produzenten von Gütern sind. Die Haushalte produzieren Güter, indem sie Marktgüter und Zeit miteinander als Produktionsinputs verbinden. Es sind diese produzierten Güter, die schließlich in die Nutzenfunktionen der Haushalte einfließen. Als Beispiele für die Produktion der Haushalte von Gütern nennt Becker (1965) den Besuch eines Theaterstücks und das Schlafen. In dem Beispiel des Theaterstücks verbinde der Besucher die Marktgüter Schauspieler, ein Skript, das Theatergebäude mit seiner Freizeit. In dem Beispiel des Schlafs verbinde das Haushaltsindividuum die Marktgüter Bett und Wohnung mit seiner Zeit. Diese produzierten Güter werden als Z bezeichnet, während

x den verwendeten Marktgütern und T der eingesetzten Zeit entspricht, siehe (24).

$$Z_i = f_i(x_i, T_i) \tag{24}$$

Die Haushalte maximieren somit ihre Nutzenfunktionen U nun in Abhängigkeit von den produzierten Gütern Z, siehe (25).

$$U = U(Z_1, Z_2, \ldots, Z_n) \tag{25}$$

Auch in diesem formulierten Fall unterliegen die Haushalte Nebenbedingungen, die sich nun jedoch aus den Ausgaben für die Marktgüter und der zur Verfügung stehenden Zeit ergeben.

Sei T_w die Zeit, die für die Erwerbstätigkeit aufgebracht werde und w die Vergütung der Erwerbstätigkeit pro Zeiteinheit T_w. Die Nebenbedingung für die Ausgaben für die Marktgüter ergibt sich damit aus (26).

$$\sum_{i=1}^{i=n} p_i \cdot x_i \leq V + T_\mathrm{w} \cdot w \tag{26}$$

Allerdings besteht der Annahme nach die Möglichkeit, die verfügbare Zeit in die Produktion von Marktgütern zu konvertieren, indem weniger Zeit konsumiert und mehr Zeit für die Erwerbstätigkeit verwendet wird. Sei T die gesamte Zeit, die zur Verfügung steht und T_c die Zeit, die für den Konsum verwendet wird. T_i sei die Zeit, die als Input für das produzierte Gut Z_i verwendet wird. Damit ergibt sich die Nebenbedingung für die Zeit aus (27).

$$\sum_{i=1}^{i=n} T_i = T_\mathrm{c} = T - T_\mathrm{w} \tag{27}$$

Durch Substitution von T_w aus der Nebenbedingung für die Zeit (27) in die Nebenbedingung für die Ausgaben für Marktgüter (26) lassen sich beide Nebenbedingungen in eine einzige Nebenbedingung (28) fassen.

$$\sum_{i=1}^{i=n} p_i \cdot x_i + T_i \cdot w \leq V + T \cdot w \tag{28}$$

Die linke Seite der Ungleichung (28) gibt die Kosten für die Gesamtheit aller produzierten Güter Z eines Haushaltes an. Der Preis für die Herstellung einer Einheit von Z setzt sich somit zusammen aus dem Preis p_i, multipliziert mit der jeweils benötigten Menge an Marktgütern x_i/Z_i, sowie aus der Vergütung der Erwerbstätigkeit je Zeiteinheit w, multipliziert mit der jeweils benötigten Zeitdauer T_i/Z_i.

Die rechte Seite der Ungleichung (28) entspricht der Restriktion der verfügbaren Ressourcen. Unter der vereinfachenden Annahme, dass die Vergütung der Erwerbstätigkeit je Zeiteinheit w konstant ist, ergeben sich die verfügbaren Ressourcen aus der Summe der insgesamt verfügbaren Zeit T multipliziert mit der Vergütung der Erwerbstätigkeit je Zeiteinheit w und dem sonstigen verfügbaren Einkommen V. Dieser Theorie nach verwenden die Haushalte ihre insgesamt verfügbare Zeit für die Güter Z und haben hierfür zwei Optionen. Die erste Option ist, dass die Haushalte durch Verwendung von Zeit mittels der Erwerbstätigkeit Einkommen generieren, um damit Marktgüter als Inputs für die Güter Z zu erwerben. Die zweite Option ist, dass die Haushalte Zeit als Freizeit direkt als Input für die Güter Z verwenden.

Zeit wird somit, unabhängig davon, ob diese für die Erwerbstätigkeit oder die Freizeit genutzt wird, ein Wert in Höhe der Vergütung der Erwerbstätigkeit w je Zeiteinheit beigemessen. Den Haushalten obliegt es schließlich, die zur Verfügung stehende Ressource Zeit kostenminimal und effizient für die Produktion der Güter Z einzusetzen, um letztlich den Nutzen U maximieren zu können.

5.2 Datengrundlagen

Nach der Beschreibung der verwendeten Annahmen werden im Folgenden die für die Modellierung und Simulation erforderlichen Daten präsentiert. Dabei handelt es sich um die Zeitbudgeterhebung und die Einkommens- und Verbrauchsstichprobe von DESTATIS.

5.2.1 Zeitbudgeterhebung von DESTATIS

Bei der Zeitbudgeterhebung handelt es sich um eine offizielle Statistik von DESTATIS. Das Ziel der Zeitbudgeterhebung ist es, ein repräsentatives Abbild der täglichen Zeitverwendung der deutschen Haushalte zu liefern. Die an dieser Stelle präsentierten Informationen finden sich im Qualitätsbericht zur Zeitbudgeterhebung 2001/2002 von DESTATIS (2005) wieder, die für die Zeiterhebung der Berichtsjahre 2001 und 2002 erstellt wurde.

Für die Zeitbudgeterhebung werden ab einem Alter von zehn Jahren Mitglieder von Haushalten mit festem Wohnsitz in Deutschland mittels eines Tagebuchs und Fragebogens befragt. In 10-Minuten-Zeitintervallen sollen die Befragten über einen Zeitraum von drei Wochentagen ihre Aktivitäten festhalten. Um Verzerrungen aufgrund von Saisonalitäten zu minimieren, werden die Umfragen über einen Zeitraum von insgesamt einem Jahr verteilt durchgeführt. Die Haushalte werden über Quoten ausgewählt, die anhand des Mikrozensus bestimmt werden. Die Teilnahme der Haushalte an der Zeitbudgeterhebung ist freiwillig und wird mit einer finanziellen Kompensation honoriert. Für den Berichtszeitraum 2001/2002 stehen für diese Untersuchungen insgesamt Daten von 13.798 Personen in 5.160 Haushalten zur Verfügung, welche letztlich insgesamt 35.691 Tagebucheinträge ergeben. Für jeden befragten Haushalt wird ein Hochrechnungs- und Gewichtungsfaktor bestimmt, damit aus den Umfrageergebnissen möglichst repräsentative Aussagen getroffen werden können.

Die Zeitbudgeterhebung wurde bisher zweimal durchgeführt. Erstmalig 1991/1992 und zuletzt 2001/2002. DESTATIS behält sich vor, die Umfrage in unregelmäßigen Perioden zu wiederholen. Laut der Internetseite von DESTATIS (2013) ist eine weitere Erhebung für den Berichtszeitraum 2012/2013 in Vorbereitung, wobei mit ersten Ergebnissen ab 2015 gerechnet wird. Somit sind die Daten der Erhebung für den Berichtszeitraum 2001/2002 zum jetzigen Zeitpunkt die aktuellsten verfügbaren Daten von DESTATIS zur Zeitverwendung.

Um eine bessere Vorstellung über die Inhalte der Zeitbudgeterhebung zu ermöglichen, ist in Abbildung 24 eine graphische Übersicht der täglichen Aktivitäten in aggregierter Form und nach Geschlechtern getrennt dargestellt.

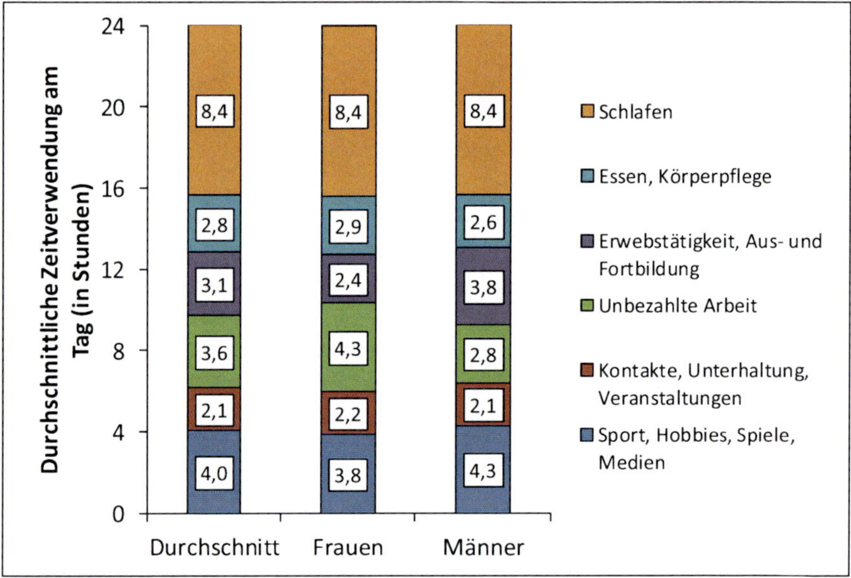

Abbildung 24:   Durchschnittliche tägliche Zeitverwendung 2001/2002

5.2.2   Einkommens- und Verbrauchsstichprobe von DESTATIS

In diesem Abschnitt wird die die Einkommens- und Verbrauchsstichprobe (kurz EVS), im Näheren vorgestellt. Die hier präsentierten Informationen sind vorwiegend im Qualitätsbericht der EVS 2008 von DESTATIS (2012) zu finden.

Die EVS ist eine offizielle Statistik von DESTATIS bezüglich der Lebensumstände in Deutschland. Laut DESTATIS hat die EVS einen sehr hohen Grad an Repräsentativität und ein sehr hohes Maß an Datenqualität. Ein Grund für diese an die Statistik gestellten hohen Anforderungen ist, dass viele wichtige politische Entscheidungen basierend auf der EVS getroffen werden. Ein Anwendungsbeispiel für solche Entscheidungen ist die Berechnung der Regelsätze für das Arbeitslosengeld II.

Die Erhebung der EVS wird in regelmäßigen Abständen von fünf Jahren durchgeführt. Die aktuellste EVS ist derzeit somit diejenige, die im Berichtsjahr 2008 erhoben wurde. Die Daten der EVS 2008 wurden am Ende des Jahres 2010 veröffentlicht. Das definierte Ziel der EVS ist es, einen Überblick über soziodemographische und sozio-ökonomische Charakteristiken, Einkommen, Ausgaben, Vermögen und Schulden, Ausstattung mit Gebrauchsgütern und Wohnsituation in der deutschen Bevölkerung zu geben. Die befragte Einheit der Erhebung sind Haushalte mit einem festen Wohnsitz in Deutschland und einem monatlichen Netto-Einkommen von unter 18.000 Euro.

Ein weiteres Ziel der EVS ist es, 0,2 % der deutschen Haushalte zu befragen, was bei rund 38,8 Mio. deutschen Haushalten im Jahre 2008 letztendlich einer Auswahl von 77.648 Haushalten entsprach. Um ein repräsentatives Bild gewinnen zu können, wählt DESTATIS die Haushalte anhand eines Quotensystems mit den Attributen Bundesland, Haushaltsgröße, soziale Stellung des Haupteinkommensbeziehers (angestellt, selbständig etc.) und monatliches Haushalts-Nettoeinkommen aus. Die Teilnahme an der EVS geschieht zwar auf freiwilliger Basis, wird aber mit einer finanziellen Kompensation vergütet. Trotz der angebotenen Vergütung beenden aber nicht alle Haushalte die Befragung, so dass sich für die EVS 2008 eine Gesamtheit von 55.100 Haushalten ergibt, die an der Befragung teilgenommen haben.

In der EVS werden unter anderem die Ausgaben der Haushalte für Elektrizität veröffentlicht. Analog zu dem Vorgehen in der Arbeit von Heinz (2010) können, in Verbindung mit den vom BDEW (2012) publizierten durchschnittlichen Haushalts-Strompreisen aus dem Jahr 2008, Stromverbräuche approximiert werden. Somit ermöglich die EVS beispielsweise das Treffen von Aussagen bezüglich von Stromverbräuchen in Abhängigkeit der Haushaltsgröße, wie auch in Abbildung 26 dargestellt.

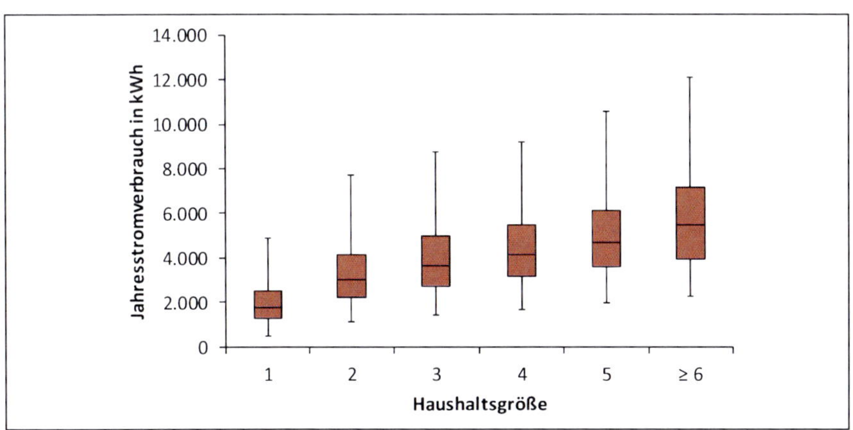

Abbildung 25: Jährlicher Stromverbrauch in Abhängigkeit von der Haushaltsgröße[1]

---

[1] Die mittleren Teile der Boxplots stellen die Mediane dar. Die Whisker-Enden sind jeweils die 5- und 95-Prozent-Quantile.

Von den in der EVS 2008 55.100 antwortenden Haushalten haben 2.846 Haushalte ein negatives Haushaltseinkommen angegeben oder kundgetan, keinerlei Ausgaben für Elektrizität zu haben. Im Rahmen der folgenden Untersuchungen werden diese Haushalte ausgeschlossen, so dass insgesamt eine Datenbasis über 52.254 Haushalte zur Verfügung steht.

5.3 Modellierung und Simulation

Privathaushalte verwenden Strom selbstverständlich nicht primär mit dem Ziel, um betriebliche Gewinne zu generieren. Somit ist eine Anwendung eines Ansatzes wie für die Kostenschätzung bei Unternehmen nicht ohne Weiteres möglich. Vielmehr ist hierfür zunächst eine monetäre Bewertung des Nutzens von Elektrizität für Haushalte erforderlich.

Im Abschnitt 5.1 ist die Theorie von Becker (1965) zur Allokation von Zeit beschrieben. Im Kontext dieser Theorie kann angenommen werden, dass Haushalte Elektrizität zusammen mit Freizeit und anderen Inputs verwenden, um Güter zu erzeugen, mit denen der Nutzen der Haushalte letztlich maximiert wird. Diese Güter können beispielsweise Haushalts- und Freizeitaktivitäten oder ein bestimmtes Maß an Komfort sein. Für die monetäre Bewertung des Nutzens, der durch eine Unterbrechung der Elektrizitätsversorgung verloren geht, wird die Zeit, die ebenfalls als Input verwendet werden sollte, anhand dieser Theorie monetär bewertet.

Bei diesem Modellansatz wird aufbauend auf der Theorie von Becker (1965) zur Allokation von Zeit die Hypothese aufgestellt, dass bestimmte Eingangsparameter die Höhe der Unterbrechungskosten (durch eine Beeinträchtigung von Freizeitaktivitäten) proportional beeinflussen.

Bliem (2005) beispielsweise führt eine ähnliche Untersuchung für Österreich durch. Allerdings verwendet Bliem (2005) als Modelleingangsparameter Durchschnittswerte, um die mittleren Stromunterbrechungskosten in Privathaushalten abzuschätzen, ohne mögliche Korrelationen zwischen den Modelleingangsparametern zu berücksichtigen. Dies ist jedoch eine vereinfachende Annahme, die das Modellergebnis verzerren kann, falls zwischen den Modelleingangsparametern Korrelationen vorliegen. Bei einer Berechnung mit Mittelwerten gehen darüber hinaus Informationen über die Verteilung der Unterbrechungskosten innerhalb der Bevölkerung verloren.

Das Ziel in diesem Teil der Arbeit ist es, die Unterbrechungskosten für die deutsche Bevölkerung mit einem Bottom-Up-Ansatz zu bestimmen. Im Zuge dessen sollen Korrelationen zwischen den Modelleingangsparametern so weit wie möglich berücksichtigt werden. Weiterhin soll die Häufigkeitsverteilung der Kosten von Versorgungsunterbrechungen ermittelt werden. Im Wesentlichen werden hierfür die im Folgenden beschriebenen Schritte durchgeführt, die in Abbildung 26 schematisch abgebildet sind.

■ Zunächst werden die privaten Aktivitäten aus der im Abschnitt 5.2.1 beschriebenen Zeitbudgeterhebung 2001/2002 von DESTATIS untersucht. Die Aktivitätsbereiche Erwerbstätigkeit und Qualifikation/Bildung werden an dieser Stelle von den Untersuchungen ausgeschlossen, da angenommen wird, dass diesen Aktivitäten überwiegend außerhalb der eigenen Wohnung nachgegangen wird. Weil außerdem nicht alle privaten Aktivitäten das Vorhandensein einer Elektrizitätsversorgung erfordern, werden Stromabhängigkeiten für die in der Zeitbudgeterhebung vorgegebenen Aktivitäten a, d_a, geschätzt. Der Fokus der Untersuchungen soll an dieser Stelle auf einer einstündigen Unterbrechung liegen, so dass entsprechende Annahmen für die Abhängigkeiten für diese Unterbrechungsdauer getroffen werden können. Die Annahmen in Form der geschätzten Abhängigkeiten d_a sind in Tabelle 14 auf einer Skala von null bis eins dargestellt, wobei null eine komplette Unabhängigkeit und eins eine komplette Abhängigkeit darstellt.

Um anschließend die durchschnittlichen täglichen Dauern der von Elektrizität abhängigen Aktivitäten $\Delta t_{\mathrm{el},i}$ für ein Haushaltsmitglied i zu ermitteln, werden die Dauern sämtlicher Aktivitäten a, $\Delta t_{i,a}$, mit den vorab geschätzten Abhängigkeiten $d_{\mathrm{el},a}$ multipliziert und aufsummiert, siehe (29).

$$\Delta t_{\mathrm{el},i} = \sum_{a=1}^{a=n} \Delta t_{i,a} \cdot d_{\mathrm{el},a} \tag{29}$$

Die durchschnittlichen täglichen Dauern der von Elektrizität abhängigen Aktivitäten eines Haushaltes hh, $\Delta t_{\mathrm{el},hh}$, ergeben sich schließlich durch die Summierung dieser Dauern über alle Haushaltsmitglieder, siehe (30).

$$\Delta t_{\mathrm{el},hh} = \sum_{i=1}^{i=n} \Delta t_{\mathrm{el},i} \tag{30}$$

■ Die Ausübung bestimmter Aktivitäten ist im Falle einer Stromunterbrechung zwar eingeschränkt, dennoch ist häufig ein Ausweichen auf andere Aktivitäten möglich, welche keine Elektrizitätsversorgung voraussetzen. Hierdurch geht dem von der Unterbrechung betroffenen Haushalt nicht die gesamte Freizeit verloren, sondern nur ein gewisser Anteil. Aus diesem Grund wird für jedes Individuum i ein Substitutionsfaktor $f_{\mathrm{sub},i}$ eingeführt, welcher ausdrückt, inwiefern es dem Individuum i möglich ist, auf Aktivitäten auszuweichen, die unabhängig von einer Elektrizitätsversorgung durchführbar sind. Ein $f_{\mathrm{sub},i} = 0$ bedeutet somit, dass die gesamte Freizeit von Individuum i bei einer Versorgungsunterbrechung verloren geht, während dem Individuum bei einem $f_{\mathrm{sub},i} = 1$ keine Freizeit verloren geht. Für die Bestimmung von $f_{\mathrm{sub},i}$ werden aus den Zeitverwendungen der Zeitbudgeterhebung von DESTATIS Präferenzen in der Freizeitgestaltung für jedes Individuum i gemäß (31) hergeleitet.

$$f_{\mathrm{sub},i} = 1 - \frac{\sum_{a=1}^{a=n} \Delta t_{i,a} \cdot d_{\mathrm{el},a}}{\sum_{a=1}^{a=n} \Delta t_{i,a}} \qquad (31)$$

Aus den individuellen Substitutionsfaktoren $f_{\mathrm{sub},i}$ werden schließlich Substitutionsfaktoren der Haushalte $f_{\mathrm{sub},hh}$ als arithmetisches Mittel über die Haushaltsmitglieder errechnet, siehe (32). n_{hh} ist dabei die Haushaltsgröße.

$$f_{\mathrm{sub},hh} = \frac{\sum_{i=1}^{i=n_{hh}} f_{\mathrm{sub},i}}{n_{hh}} \qquad (32)$$

■ Der Theorie von Becker (1965) folgend, sollte die Freizeit mit der Grenzvergütung von Arbeitszeit bewertet werden. Da die Daten hierzu im Rahmen dieser Untersuchungen nicht zur Verfügung stehen, werden vereinfachend die jeweiligen durchschnittlichen Netto-Stundenlöhne der Haushalte w_{hh} errechnet. Hierfür wird das monatliche Netto-Gehalt aus sämtlichen Erwerbstätigkeiten von allen Haushaltmitgliedern summiert und durch die Summe der monatlichen Arbeitszeiten über alle Haushaltsmitglieder dividiert.

■ Die Kosten eines Haushaltes für eine einstündige Stromunterbrechung $y_{1\mathrm{h}}$ werden schließlich errechnet, indem die von Elektrizität abhängige Freizeit des Haushalts $\Delta t_{\mathrm{el},hh}$ unter Berücksichtigung des jeweiligen Substitutionsfaktors $f_{\mathrm{sub},hh}$ mit dem durchschnittlichen Netto-Stundenlohn des Haushalts w_{hh} bewertet wird, siehe (33).

$$y_{1\mathrm{h}} = \Delta t_{\mathrm{el},hh} \cdot f_{\mathrm{sub},hh} \cdot w_{hh} \qquad (33)$$

Abschließend werden die geschätzten Unterbrechungskosten der Haushalte in der Häufigkeit mit den im Abschnitt 5.2.1 beschriebenen Hochrechnungsfaktoren der Zeitbudgeterhebung gewichtet, damit die Ergebnisse der Häufigkeitsverteilungen möglichst repräsentativ sind. Hierdurch werden die 5.160 Ergebnisse auf insgesamt 516.051 Datenpunkte repliziert.

Weil in dieser Arbeit die Ergebnisse auf das Jahr 2011 bezogen sein sollen, werden die ermittelten Kosten abschließend noch mit der Veränderung des jahresdurchschnittlichen Verbraucherpreisindexes zwischen den Jahren 2001/2002 (Berichtsjahre der Zeitbudgeterhebung) und dem Jahr 2011 inflationsbereinigt. Der Verbraucherpreisindex wird in diesem Kontext statt des im Abschnitt 4.2.3 beschriebenen Deflators für das Bruttoinlandsprodukt verwendet, weil die untersuchte Zielgruppe hier private Haushalte und Konsumenten sind. Basierend auf den Veröffentlichungen von DESTATIS (2013) beträgt die Veränderung zwischen 2011 und 2001/2002 im Mittel 115 Prozent.

Aus den ermittelten Unterbrechungskosten wird anschließend der *Value of Lost Load* hergeleitet. Hierfür wird zunächst der durchschnittliche stündliche Stromverbrauch der Haushalte $EC/(365 \cdot 24)$ geschätzt. Vereinfachend werden die aus der EVS 2008 abgeleiteten mittleren Stromverbräuche über die Haushaltsgrößen verwendet.

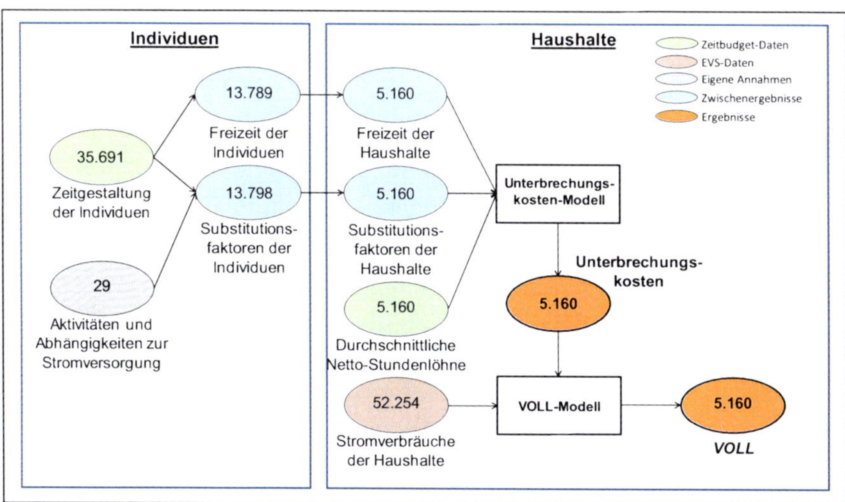

Abbildung 26: Schematische Darstellung des theoretisch-mikroökonomischen Simulationsmodells zur Schätzung der Unterbrechungskosten in privaten Haushalten

Tabelle 14: Geschätzte Stromabhängigkeiten von privaten Aktivitäten von 0 bis 1

Persönlicher Bereich	
Schlafen	0,0
Essen und Trinken	0,0
Sonstiges Persönliches (Waschen, Anziehen etc.)	0,2
Haushaltsführung	
Zubereitung von Mahlzeiten	0,9
Reinigung der Wohnung	0,3
Textilpflege	0,7
Gartenarbeit	0,2
Handwerkliche Tätigkeiten	0,5
Einkauf	0,7
Haushaltsplanung	0,4
Kinderbetreuung	0,0
Unterstützung und Pflege von Erwachsenen	0,0
Ehrenamtliche Aktivitäten	
Ehrenamtliche Funktionen	0,6
Hilfe für andere Haushalte	0,2
Teilnahme an Versammlungen	0,3
Soziales Leben und Unterhaltung	
Soziale Kontakte/Besuche	0,3
Unterhaltung und Kultur	0,7
Auszeiten	0,1
Sportliche Aktivitäten und Aktivitäten in der Natur	
Körperliche Bewegung	0,1
Jagen und Fischen	0,0
Rüstzeiten für die Teilnahme an sportlichen Aktivitäten	0,1
Hobbies und Spiele	
Künstlerische Tätigkeiten	0,2
Technische und andere Hobbies	0,4
Spiele	0,2
Massenmedien	
Lesen	0,2
Fernsehen	1,0
Anhören von Musikaufnahmen	1,0
Tätigkeiten am Computer	1,0
Wegezeiten	
Wegezeiten für Aktivitäten	0,3

5.4 Ergebnisse

Die anhand des makroökonomischen Ansatzes geschätzten Kosten für eine einstündige Versorgungsunterbrechung betragen im Durchschnitt 7,40 Euro und im Median 1,54 Euro pro Haushalt. Rund 37 Prozent der simulierten Haushalte haben außerdem keine Unterbrechungskosten (das heißt solche in Höhe von null). In Abbildung 27 sind die Ergebnisse in einem Boxplot zusammengefasst, für dessen Whisker-Enden die 5- und 95-Prozent-Quantile gewählt werden. Die Ergebnisse zeigen, dass die Unterbrechungskosten rechtsschief und damit ungleich verteilt sind.

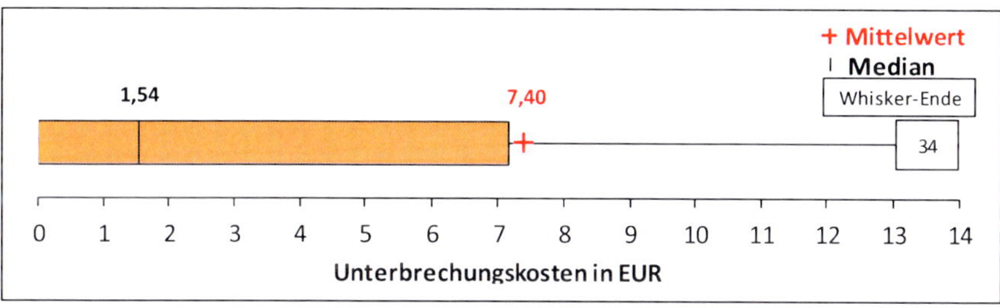

Abbildung 27: Kosten einer einstündigen Unterbrechung der Haushalte (für Aktivitäten) in EUR

Der hergeleitete *Value of Lost Load* beträgt im Durchschnitt 17,14 EUR/kWh und im Median 4,16 EUR/kWh. Auch hier haben natürlich rund 37 Prozent der simulierten Haushalte keinen *Value of Lost Load* (in Höhe von null). Die Verteilung der errechneten *Values of Lost Load* ist in Abbildung 28 dargestellt. Auch hier ist eine rechtsschiefe Verteilung feststellbar.

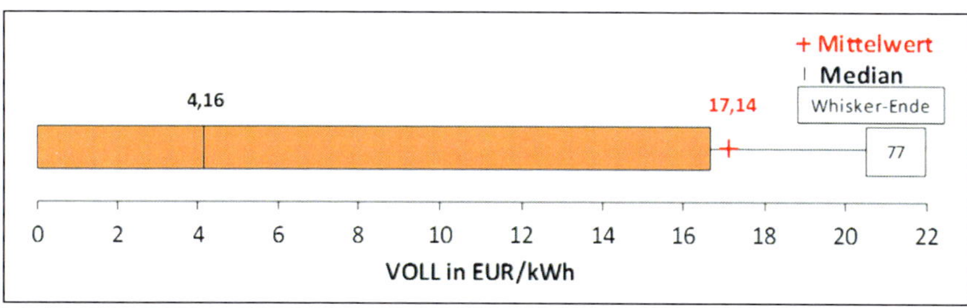

Abbildung 28: *Value of Lost Load* für eine einstündige Unterbrechung der Haushalte (für Aktivitäten) in EUR/kWh

5.5 Interpretation und Diskussion

Mittels des hier verwendeten theoretisch-mikroökonomischen Ansatzes werden Unterbrechungskosten in privaten Haushalten geschätzt, indem die entgangene Freizeit als Opportunitätskosten durch einen Verlust von Nutzen bewertet wird. Hierdurch wird deshalb aber nur ein Teil der tatsächlich auftretenden Kosten berücksichtigt.

Hypothese 5-1

> Der Wert des entgangenen Nutzens eines Haushalts aufgrund von Beeinträchtigungen von Freizeitaktivitäten durch Unterbrechungen der Stromversorgung ist proportional abhängig von der zur Verfügung stehenden Freizeit, individuellen Präferenzen zur Nutzung der Freizeit und der Höhe der Vergütung für Erwerbstätigkeiten je Stunde.

Der durchschnittliche Haushaltsstrompreis liegt im Jahr 2011 laut BDEW (2012) bei rund 25 Eurocent je Kilowattstunde. Zwischen diesem Strompreis und dem durchschnittlichen *Value of Lost Load* von rund 17,14 Euro je Kilowattstunde liegt somit ein Faktor von rund 70. Diese große Diskrepanz verdeutlicht, dass Elektrizität für Haushalte und deren Freizeitaktivitäten eine bedeutende Rolle einnimmt.

Ein Vergleich des hier mit einem makroökonomischen Ansatz ermittelten durchschnittlichen *Value of Lost Load* für Privathaushalte in Höhe von 17,14 EUR/kWh mit Ergebnissen[2] von makroökonomischen Studien aus den Niederlanden (20,12 EUR/kWh) von de Nooij *et al.* (2007) und Österreich (18,08 EUR/kWh) von Bliem (2005) zeigt, dass sich die hier ermittelten Kosten in sehr ähnlichen Größenordnungen bewegen.

Die ermittelte Häufigkeitsverteilung der Unterbrechungskosten ist stark rechtsschief. Dies deutet darauf hin, dass der Großteil der Bevölkerung relativ niedrige Unterbrechungskosten hat, während eine Minderheit relativ hohe Unterbrechungskosten hat. 37 Prozent der modellierten Bevölkerung hat so beispielsweise einen *Value of Lost Load* von null. Währenddessen hat das oberste Viertel der modellierten Bevölkerung einen *Value of Lost Load* von über 16,67 EUR/kWh. Die Ursache hierfür könnten ungleiche Einkommensverteilun-

---

[2] Inflationsbereinigt mit dem Verbraucherpreisindex und bezogen auf das Jahr 2011.

gen beziehungsweise ungleiche Ausstattungen und Präferenzen der Bevölkerung in der Gestaltung von Freizeit sein.

Hypothese 5-2

> Ein Großteil der Bevölkerung hat relativ niedrige Unterbrechungskosten, während eine Minderheit der Bevölkerung relativ hohe Unterbrechungskosten hat. Die Ursache hierfür könnte eine ungleiche Einkommensverteilung sowie ungleiche Präferenzen in der Gestaltung von Freizeit in der Bevölkerung sein.

Eine solche Verteilung innerhalb der Verbrauchsgruppe der privaten Haushalte kann ebenfalls ein Hinweis für gewisse Potenziale für Abschaltmaßnahmen sein. Ein solches gezieltes Abschalten von Haushaltskunden ist bisher technisch aber noch nicht implementiert und ist damit derzeit auch nicht durchführbar. Trotzdem haben diesen Ergebnissen zufolge beispielsweise 24,5 Prozent der deutschen Haushalte einen *Value of Lost Load* unter 0,50 EUR/kWh und wären gegebenenfalls interessante Kandidaten für Abschaltmaßnahmen. Allerdings sollte an dieser Stelle erneut betont werden, dass mit weiteren Kosten gerechnet werden sollte, weil ausschließlich Kosten durch den Verlust an Nutzen aufgrund von Einbußen an Aktivitäten berücksichtigt werden.

Falls der *Value of Lost Load* die Kosten für Maßnahmen zur Vermeidung einer Versorgungsunterbrechung übersteigt, ist die Entscheidung für eine Durchführung dieser Maßnahmen sinnvoll. Hähnel (2011) untersucht in seiner Arbeit die Kosten von Notstromsystemen, die für einen Einsatz in Privathaushalten ausgelegt sind. Seien die angenommenen Stromgestehungskosten für ein Notstromsystem bei einer Nutzung von jährlich 30 Minuten und Vernachlässigung von variablen Kosten bei 300 EUR/kWh. Bei einem Jahresstromverbrauch von 3.000 kWh besitzen rund 0,3 Prozent der Haushalte, den ermittelten Ergebnissen zufolge, einen *Value of Lost Load*, der über diesem Wert liegt. Unter diesen Annahmen könnte ein solches Notstromsystem derzeit für entsprechend rund 130.000 Haushalte in Deutschland eine interessante Investition sein.

5.6 Kritische Würdigung und weiterer Forschungsbedarf

Dieser letzte Unterabschnitt widmet sich der kritischen Würdigung der Methode, die zur Bestimmung der Unterbrechungskosten in Privathaushalten verwendet wird. Darüber wird kurz weiterer Bedarf an Forschung aufgezeigt.

In diesem Teil der Arbeit wird ein theoretisch-mikroökonomischer Ansatz verwendet, um den Nutzen von Elektrizitätsversorgung für Haushalte zu bewerten. Hierfür werden Unterbrechungskosten in privaten Haushalten bestimmt. Aufgrund der bereits im Abschnitt 3.3 beschriebenen Restriktionen dieser Ansätze werden ausschließlich Opportunitätskosten geschätzt. Direkte Kosten durch entstehende Sach- und Vermögensschäden werden dabei nicht berücksichtigt, weil dies eine individuelle Betrachtung von Haushalten erfordern würde, für welche hier keine Datenbasis vorhanden ist. Zu den nicht berücksichtigten Kosten zählen somit insbesondere materielle Schäden wie beispielsweise der Verderb von Lebensmitteln. Auch hier gilt wiederum, dass eine Ermittlung von durchschnittlichen Opportunitätskosten eine Untersuchung von Einflüssen (wie beispielsweise Tageszeit, Saison, Dauer oder eventuellen Vorankündigungen) auf die Höhe der Kosten nicht ermöglicht.

Bei dem hier verwendeten makroökonomischen Ansatz wird unter anderem der Input an Freizeit für Aktivitäten der Haushalte monetär bewertet, um daraus auf den entgangenen Nutzen aufgrund von Unterbrechungen der Elektrizitätsversorgung zu schließen. Allerdings generieren Haushalte in gewissen Fällen möglicherweise Nutzen, indem zwar Elektrizität als Input verwendet wird, aber ohne dass zusätzlich dazu Freizeit aufgewendet werden muss. Ein Beispiel hierfür könnte der Einsatz von vollautomatischen Staubsaugrobotern sein, die bei Stromunterbrechungen gegebenenfalls ihre Dienste nicht mehr ordnungsgemäß verrichten können, um die Wohnungen sauber zu halten. Somit beschränken sich die ermittelten indirekten Kosten weiter einschränkend auf den entgangenen Nutzen durch eine Nichtdurchführbarkeit von Aktivitäten in Haushalten.

Alle Modelleingangsparameter zur Bestimmung der Unterbrechungskosten stammen aus einem Datensatz, der Zeitbudgeterhebung von DESTATIS. Bei den Berechnungen der Kosten sind somit bereits sämtliche eventuell vorhandenen Korrelationen der Modelleingangsparameter implizit berücksichtigt. Um den *Value of Lost Load* zu errechnen, werden jedoch die auf Basis der Daten der Zeitbudgeterhebung ermittelten Unterbrechungskosten durch Daten zu den Stromverbräuchen aus der EVS dividiert. Zwar wird dabei der Stromverbrauch eines Haushaltes in Abhängigkeit von der Haushaltsgröße geschätzt, allerdings können möglicherweise darüber hinaus Korrelationen zwischen den Stromverbräuchen und den restlichen Eingangsparametern zur Berechnung des *Value of Lost Load* vorliegen. Da über diese möglichen Korrelationen keine Daten vorliegen, wird zur Berechnung des *Value of Lost Load* vereinfachend der Stromverbrauch je nach Haushaltsgröße verwendet.

Weiterhin ist anzumerken, dass die zu diesem Zeitpunkt aktuellsten Daten für die Zeitverwendung aus den Jahren 2001 und 2002 stammen. Seit diesen Jahren hat aber auch ein technischer Fortschritt bei den Endverbrauchergeräten stattgefunden. Deshalb ist durchaus vorstellbar, dass die Haushalte ihre Freizeitgestaltung seitdem auch an diesen technischen Fortschritt angepasst haben. Vermutlich verbringen die Haushalte heute mehr Zeit mit Aktivitäten, die von einer Elektrizitätsversorgung abhängig sind. Deshalb liegen die tatsächlichen Kosten heutzutage wahrscheinlich ein wenig höher als die, die im Rahmen dieser Untersuchung ermittelt werden. Diese Untersuchungen sollten im Rahmen von zukünftigen Studien aktualisiert werden, sobald die neuen Daten der Zeitbudgetermittlung 2012/2013 von DESTATIS veröffentlicht sind.

Das gewählte Modell einschließlich der dazugehörigen Eingangsparameter Freizeit, Stundenlohn und Stromabhängigkeit basiert auf theoretischen Überlegungen. Für sich alleine gestellt ist eine Verifikation des Modells deshalb nur eingeschränkt möglich. Hierfür sollten idealerweise vollständige Daten über alle ausgewählten Modelleingangsparameter sowie gleichzeitig über den entgangenen Nutzen aufgrund von nicht-durchführbaren Aktivitäten während einer Stromunterbrechung vorliegen. Eine große und repräsentative Datenbasis für den entgangenen Nutzen durch Unterbrechungen der Stromversorgung ist allerdings nicht vorhanden.

6 Versorgungssicherheit für private Haushalte: Methode der geäußerten Präferenzen

Im vorangegangenen Kapitel 5 wurden Unterbrechungskosten von privaten Haushalten anhand eines theoretisch-mikroökonomischen Ansatzes ermittelt. In diesem Kapitel werden Unterbrechungskosten, *Value of Lost Load* und mit Unterbrechungen assoziierte Unannehmlichkeiten in privaten Haushalten mit einer zweiten Methode anhand eines Ansatzes von geäußerten Präferenzen (Umfrage) mit einem Bottom-Up-Modell und einer Simulation geschätzt.

Hierfür werden im Abschnitt 6.1 zunächst theoretische Grundlagen und Annahmen zu Zahlungs- und Akzeptanzbereitschaften sowie dem binären Probit-Entscheidungsmodell erläutert. Weiterhin werden die für diese Untersuchungen durchgeführte Umfrage und die damit erhobenen Daten in Abschnitt 6.2 vorgestellt, bevor auf die Modellierungen und Simulation selbst in Abschnitt 6.3 eingegangen wird. Darauf folgend werden die Ergebnisse der simulierten Kosten, *Values of Lost Load* und Unannehmlichkeiten bei Versorgungsunterbrechungen in Abschnitt 6.4 präsentiert und in Abschnitt 6.5 diskutiert. Dieser Teil schließt letztlich ebenfalls mit einer kritischen Würdigung der durchgeführten Untersuchungen in Abschnitt 6.6 ab.

6.1 Verwendete Annahmen und theoretische Grundlagen

In den Ansätzen und Modellen in diesem Teil der Arbeit werden Zahlungs- und Akzeptanzbereitschaften sowie Log-Log-Regressionen und binäre Probit-Entscheidungsmodelle dazu verwendet, den Nutzen einer Elektrizitätsversorgung in privaten Haushalten zu schätzen. Deshalb werden an dieser Stelle die theoretischen Rahmen und die verwendeten Annahmen für ein besseres Verständnis der Arbeitsschritte vorgestellt.

6.1.1 Zahlungs- und Akzeptanzbereitschaft

Bei einer Unterbrechung der Versorgung eines Konsumenten mit einem Gut reduziert sich die von dem Konsumenten verbrauchte Menge dieses Gutes, wie beispielsweise auch bei einem Stromausfall. Nach Deppert *et al.* (2001) wird unter Nutzen die Fähigkeit von Gütern subsumiert, Bedürfnisse eines wirtschaftlich handelnden Entscheiders zu befriedigen. Wird der Konsument zu einer Reduktion eines nachgefragten Gutes gezwungen, so reduziert sich auch sein Nutzen. Um einen Nutzenverlust aufgrund einer Reduktion der konsumierten Menge eines Gutes mittels geäußerter Präferenzen monetär zu quantifizieren, bieten sich im Allgemeinen drei unterschiedliche Vorgehensweisen an: direkte Erhebungen und Erhebungen zu Zahlungs- und zu Akzeptanzbereitschaften. Aus Gründen, die im Abschnitt 3.3 aufgeführt sind, eignen sich für Privathaushalte vor allem die letzten beiden Vorgehensweisen, die im Folgenden erläutert werden sollen. Die erste dieser beiden Vorgehensweisen entspricht einer Erfassung des maximalen Geldbetrags, den ein betroffenes Individuum bereit wäre zu bezahlen, um eine Minderung der konsumierten Menge des Gutes (zum Beispiel einen Stromausfall) zu vermeiden. Im Englischen wird diese Zahlungsbereitschaft als *willingness to pay* (kurz WTP) bezeichnet. Die zweite Möglichkeit besteht in der Erfassung des minimalen Geldbetrags, den ein betroffenes Individuum bereit wäre, für eine Minderung der Konsummenge (zum Beispiel bei einem Stromausfall) als Kompensation zu akzeptieren. Im Englischen wird diese Akzeptanzbereitschaft als *willingness to accept* (kurz WTA) bezeichnet.

Frühe Untersuchungen in diesem Bereich, wie beispielsweise von Freeman (1979) und Thayer (1981), gehen davon aus, dass Akzeptanz- und Zahlungsbereitschaften identisch sein sollten. Empirische Untersuchungen zeigen allerdings, dass Akzeptanzbereitschaften in der Praxis häufig wesentlich größer als Zahlungsbereitschaften sind. Die befragten Individuen nennen somit häufig einen sehr hohen Betrag, den sie als Kompensationszahlung voraussetzen würden während der genannte Betrag, den sie zur Vermeidung zahlen würden, deutlich niedriger liegt. Hanemann (1991) leitet eine Theorie bezüglich dieser Differenzen basierend auf der sogenannten Slutsky-Zerlegung her, die ihren Ursprung in der mikroökonomischen Theorie hat. Die Gleichung für die Slutsky-Zerlegung beschreibt Änderungen der Nachfrage aufgrund von Preisänderungen anhand eines Einkommens- und eines Substitutionseffektes. Hanemann (1991) schlägt vor, dass die Disparitäten von Akzeptanz- und Zahlungsbereitschaft ebenfalls anhand eines Einkommens- und eines Substitutionseffektes erklärt werden können. Im Folgenden werden die Auswirkungen von Einkommens- und Substitutionseffekten auf die Disparitäten zwischen Akzeptanz- und Zahlungsbereitschaften kurz näher erläutert.

■ Einkommenseffekt

Der reine Einkommenseffekt spiegelt die Auswirkungen einer Veränderung der Kaufkraft (durch Veränderung des Einkommens oder von Preisen) auf das Konsumverhalten eines Konsumenten wider. Die Einkommenselastizität quantifiziert diesen Effekt in relativer Form. Hanemann (1991) zufolge nimmt mit steigender Einkommenselastizität die Disparität zwischen Akzeptanz- und Zahlungsbereitschaft zu.

■ Substitutionseffekt

Der Substitutionseffekt gibt für sich alleine den Effekt relativer Preisänderungen zwischen mehreren Gütern auf die Nachfrage dieser Güter wieder. Die Substitutionselastizität (auch Allen-Uzawa-Elastizität genannt) gibt diesen Effekt wieder. Eine niedrige Substitutionselastizität bedeutet, dass das untersuchte Gut schwer durch andere Güter substituierbar ist. Je niedriger die Substitutionselastizität laut Hanemann (1991) ist, desto größer ist die Disparität zwischen Akzeptanz- und Zahlungsbereitschaft.

Nach Hanemann (1991) haben Substitutionseffekte dabei jedoch einen wesentlich größeren Einfluss auf die Disparitäten zwischen Akzeptanz- und Zahlungsbereitschaft im Vergleich zu Einkommenseffekten. Er schlussfolgert in seiner Arbeit, dass große Disparitäten ein Indikator dafür seien, dass das untersuchte Gut eher schwierig durch andere Güter ersetzbar ist. Weitere Hintergründe zu der Slutsky-Zerlegung und den mikroökonomischen Theorien sind in der Arbeit von Varian (2009) zu finden.

Hypothese 6-1

> Je größer die Differenzen zwischen Akzeptanz- und Zahlungsbereitschaften hinsichtlich der Verknappung eines Gutes sind, desto schwieriger ist es für die betroffenen Konsumenten, das verknappte Gut anhand von anderen Gütern zu substituieren.

6.1.2 *Log-Log-Regressionen*

An dieser Stelle soll kurz auf Log-Log-Regressionen eingegangen werden, so dass die spätere Interpretation von Ergebnissen erleichtert wird. Für darüber hinaus gehende Informationen zu Log-Log-Regressionen siehe beispielsweise Stocker (2012).

Bei nichtlinearen, multiplikativen Zusammenhängen zwischen Regressoren (unabhängigen Variablen) x_i und Regressand (abhängige Variable) y, wie beispielsweise bei der Cobb-Douglas-Produktionsfunktion, bietet sich eine logarithmische Transformation von Regressoren und Regressanden an. Durch die mathematischen Eigenschaften des Logarithmus werden aus den multiplikativen

Zusammenhängen additive Zusammenhänge, so dass die Koeffizienten β wieder mit den Methoden der linearen Regression geschätzt werden können.

Die geschätzten Koeffizienten β können dann schließlich so interpretiert werden, dass eine Änderung von einem Prozent des jeweiligen Regressors x_i mit einer Änderung des Regressanden y in Höhe von β Prozent einhergeht, siehe beispielsweise Erdmann und Zweifel (2007).

6.1.3   Binäre diskrete Entscheidungsmodelle

Hier soll kurz auf binäre diskrete Entscheidungsmodelle (im Englischen *binary discrete choice models*) eingegangen werden, so dass das Verständnis der Modellierung erleichtert wird. Für darüber hinaus gehende Informationen siehe beispielsweise Train (2009).

Binäre diskrete Entscheidungsmodelle, wie beispielsweise das Probit- und das Logit-Modell, sind nichtlineare Regressionsmodelle, bei denen die abhängige Variable ausschließlich zwei Ausprägungen annehmen kann. Bei diesen Regressionsmodellen handelt es sich um zensierte lineare Regressionen, bei denen die Wertebereiche der Regressanden in zwei Teilbereiche differenziert werden. Die beiden Teilbereiche spiegeln die beiden möglichen Ausprägungen wider. Die Residuen des Probit-Modells sollten standardnormalverteilt sein, während die Residuen des Logit-Modells logistisch verteilt sein sollten. Falls ein binäres diskretes Entscheidungsmodell anwendbar ist, können damit Wahrscheinlichkeiten bestimmt werden, mit denen der eine oder der andere Zustand eintritt.

6.2 Datengrundlagen und Datenaufbereitung

Nach der Beschreibung der theoretischen Grundlagen werden im Folgenden die für die Modellierung und Simulation erforderlichen Daten präsentiert. Dabei handelt es sich zum einen um Daten aus einer eigenen Umfrage. Zum anderen werden auch in diesem Arbeitsteil Daten der Einkommens- und Verbrauchsstichprobe von DESTATIS gebraucht.

6.2.1   Eigene Online-Umfrage

Zur Bestimmung der Unterbrechungskosten mittels der im Abschnitt 3.3 vorgestellten Methode der geäußerten Präferenzen (*stated preference method* im Englischen) wird eine Online-Umfrage durchgeführt, deren Aufbau in diesem Abschnitt näher erläutert werden soll.

Bei der Bestimmung der Unterbrechungskosten anhand der Methode der geäußerten Präferenzen werden hypothetische Stromunterbrechungsszenarien verwendet. Die hierfür verwendeten Szenarien bilden dabei fiktive Stromunterbrechungen mit unterschiedlichen Dauern ab, die zu zufälligen Zeitpunkten auftreten können. In diesem Fall werden fünf unterschiedliche Dauern für Versorgungsunterbrechungen vorgegeben. Diese betragen 15 Minuten, eine Stunde, vier Stunden, ein Tag und schließlich vier Tage.

Im Zusammenhang mit den in den verwendeten Szenarien vorgegebenen Unterbrechungsdauern werden die Haushalte vordergründig nach deren Zahlungsbereitschaften und Akzeptanzbereitschaften befragt. Für diese Erfassung werden zwei Fragen gestellt, die inhaltlich wie folgt beschrieben formuliert werden.

- Schätzung der Höhe der Bereitschaften, *ex ante* für eine Notstromversorgung zwecks Vermeidung von Versorgungsunterbrechungen mit den vorgegebenen Dauern zu zahlen (Zahlungsbereitschaften).

- Schätzung der Höhe von für fair erachteten monetären Kompensationszahlungen, die *ex post* als Ausgleich für Unterbrechungen mit den vorgegebenen Dauern gezahlt werden (Akzeptanzbereitschaften).

Weiterhin werden die Haushalte gebeten, die bei Versorgungsunterbrechungen mit den jeweiligen Dauern für sie entstehenden Unannehmlichkeiten auf einer Skala von 0 (stört gar nicht) bis 10 (stört sehr stark) zu bewerten. Die im Folgenden aufgeführten Kategorien an Unannehmlichkeiten sind dabei vorgegeben:

- Verderb von Lebensmitteln,

- Einschränkung von Aktivitäten zu Hause während einer Stromausfalls,

- Datenverluste und Rekonfiguration von elektrischen Geräten,

- Ausfall der Wärme- und Warmwasserversorgung,

- sonstige, frei spezifizierbare Bereiche an Unannehmlichkeiten.

Die Haushalte werden darüber hinaus gebeten, weitere persönliche Informationen anzugeben. Dabei handelt es sich um Fragen bezüglich folgender Informationen:

- Haushaltsgröße (Anzahl der Erwachsenen und Kinder),

- Stromverbrauch und Abrechnungszeitraum,

- ■ individuelles und gesamtes Haushalts-Nettoeinkommen,

- ■ wöchentliche Arbeitszeit der befragten Person,

- ■ subjektive Einschätzung der persönlichen Abhängigkeit von Elektrizität in der Freizeit,

- ■ Typ des Gebäudes, in dem sich der befragte Haushalt befindet.

Der für diese Arbeit verwendete Fragebogen mit dem genauen Wortlaut ist im Anhang dargestellt. Der Fragebogen und die Umfrage wurden mit HTML-Internetseiten (*HyperText Markup Language*) anhand von CGI-Skripten (*Common Gateway Interface*) umgesetzt. Als Programmiersprache wurde Perl gewählt. Die Speicherung der Daten erfolgte anhand von SQL-Datenbanken (*Structured Query Language*) auf einem virtuellen Server des Fachgebiets Energiesysteme der Technischen Universität Berlin mit der Linux-Distribution Debian als Betriebssystem.

Die Umfrage ist im Jahr 2011 über eine Gesamtdauer von sechs Monaten von Anfang Januar bis Ende Juni durchgeführt worden. Insgesamt haben schließlich 859 Individuen an der Umfrage teilgenommen. Anhand der verwendeten Skripte und Datenbanken konnten Mehrfacheinträge bei den Umfragen herausgefiltert werden. Die Umfrage wurde über verschiedene Plattformen beworben. So sind die Befragungen via Internet beispielsweise über E-Mails, verschiedene Internetforen und soziale Medien verbreitet worden. Die Umfrage wurde beispielsweise aber auch durch das Verteilen von Handzetteln und über Annoncen in Zeitungen beworben. Aus datenschutzrechtlichen Gründen wurde die Umfrage vollständig anonym durchgeführt.

Statistische Ausreißer sollen von den weiteren Untersuchungen ausgeschlossen werden, um unnötige Verzerrungen (im Englischen *bias*) zu vermeiden, siehe Blatna (2006). In dieser Arbeit wird für die Identifikation statistischer Ausreißer der Test von Walsh (1959) verwendet. Der Test wird als einseitiger Test für die größten Beobachtungen an WTA- und WTP-basierten Haushaltskosten je Unterbrechungsdauer durchgeführt. Der Walsh-Test untersucht bei einer geordneten Stichprobe die Sprünge von einem zum nächsten Datenpunkt und ist somit ein nichtparametrischer Test. Der Vorteil des Walsh-Tests liegt somit darin, dass die Häufigkeitsverteilung der betrachteten Stichprobe nicht vorgegeben sein muss. Als Signifikanzniveau für den Walsh-Test wird bei einem ausreichend großen Stichprobenumfang ein Signifikanzniveau von fünf Prozent gewählt. Nach Lohninger (2012) kann ein solches Signifikanzniveau gewählt werden, wenn der Stichprobenumfang über 220 liegt, was hier aufgrund des vorhandenen Stichprobenumfangs von 859 der Fall ist. Insgesamt wurden bei den vorhandenen Daten auf diese Weise bei 18 Haushalten Unterbrechungskosten als statistische Ausreißer identifiziert. So steht schließlich ein Datensatz mit einem Stichprobenumfang von 841 für die Auswertungen zur Verfügung.

6.2.2 Einkommens- und Verbrauchsstichprobe

Die Einkommens- und Verbrauchsstichprobe aus dem Jahr 2008 (EVS 2008) wird ebenfalls für diese umfragebasierten Untersuchungen verwendet. Weil diese Daten schon im Zusammenhang mit den mikroökonomischen Untersuchungen für Unterbrechungskosten in privaten Haushalten im Abschnitt 5.2.2 vorgestellt wurden, wird an dieser Stelle auf eine erneute detaillierte Vorstellung der Daten in dem Kontext der umfragebasierten Untersuchungen verzichtet.

Im weiteren Verlauf der Arbeit wird vermutet, dass die Ausstattung von Privathaushalten mit Computern einen Einfluss auf den Nutzen einer Elektrizitätsversorgung und die Höhe von Unterbrechungskosten hat. Im Kontext der EVS wird auch die Ausstattung der Privathaushalte mit Computern (PCs) erfasst. Die Bundeszentrale für politische Bildung (BPB (2008)) hat aus den EVS die Anteile der Haushalte veröffentlicht, die in den Jahren 1998 und 2008 einen PC besaßen. Diese Daten werden später für die Interpretation der Modell- und Simulationsergebnisse verwendet.

- 1998 besaßen 21,0 Prozent der deutschen Haushalte einen eigenen PC.

- 2008 besaßen 75,4 Prozent der deutschen Haushalte einen eigenen PC.

6.3 Modell- und Simulationsbeschreibungen

In dieser Arbeit wird für als Methode für den umfragebasierten Ansatz die Methode der geäußerten Präferenzen gewählt. Bei der Bestimmung von privaten Stromunterbrechungskosten mit dem umfragebasierten Ansatz wird eine direkte Erhebung von Akzeptanz- (WTA) und Zahlungsbereitschaften (WTP) durchgeführt, siehe Abschnitt 3.3 und Abbildung 19. Deshalb werden zwei Arten von Unterbrechungskosten ermittelt: Kosten basierend auf WTA- und WTP-Erhebungen. Anstatt der Durchführung einer gewichteten rein deskriptiven Auswertung der Umfrage wird im Rahmen dieser Arbeit ein Regressionsmodell aufgestellt und anschließend eine Regressionsanalyse durchgeführt. Hierdurch sollen

Einflussparameter auf die Höhe von Unterbrechungskosten in privaten Haushalten identifiziert und darauf aufbauend ein Simulationsmodell erstellt werden.

Bei der Wahl der Methode können Untersuchungen basierend auf offenbarten Präferenzen (im Englischen *revealed preferences*) ausgeschlossen werden, da eine Datenbasis hierfür nicht verfügbar ist. Zum momentanen Zeitpunkt existieren für private Haushalte in Deutschland weder Marktdaten über unterschiedliche Versorgungstarife mit verschiedenen Stufen an Versorgungssicherheit noch Verkaufszahlen von Notstromaggregaten an Privathaushalte, aus welchen sich gegebenenfalls eine Zahlungsbereitschaft für die Vermeidung von Versorgungsunterbrechungen herleiten ließe.

Aus diesem Grund wird in dieser Arbeit die Verwendung einer Methode basierend auf geäußerten Präferenzen gewählt. Anstelle von indirekten Erhebungen werden an dieser Stelle wegen der im Abschnitt 3.3 beschriebenen Kritik von Sullivan und Keane (1995) direkte Erhebungen durchgeführt. Für indirekte Erhebungen müssten nämlich den beiden Autoren zufolge genaue Kenntnisse über Strompreise vorhanden sein, die bei den privaten Haushalten jedoch meist nicht vorhanden sind. Weiterhin werden, den Empfehlungen vom EPRI in der Arbeit von Sullivan und Keane (1995) für private Haushalte folgend, für die direkten Erhebungen sowohl Zahlungs- als auch Akzeptanzbereitschaften verwendet, während auf direkte Kosteneinschätzungen verzichtet werden.

Für die Modellierung in diesem Teil der Arbeit werden als Ausgangspunkt abhängige Variablen und Modellformen von der Hypothese 5-1 verwendet, die ebenfalls für die Untersuchung mit dem theoretisch-mikroökonomischen Ansatz (siehe Kapitel 5) eingesetzt wurden. In jenem theoretischen Ansatz werden in einem theoretisch-mikroökonomischen Modell die Merkmale Haushaltsgröße, Haushaltseinkommen und individuelle zeitliche Verfügbarkeiten und Präferenzen bezüglich der Freizeitgestaltung als Modelleingangsparameter (unabhängige Variablen) verwendet, um die Kosten von Versorgungsunterbrechungen zu beschreiben. Diese Modelleingangsparameter ergeben in einem multiplikativen Zusammenhang die Modellaussage (Unterbrechungskosten).

Jedoch werden darüber hinaus auch sämtliche weiteren Merkmale, die mit der Umfrage erfasst werden, auf Signifikanz getestet. So können möglicherweise Variablen identifiziert werden, die in dem formulierten theoretisch-mikroökonomischen Modell nicht berücksichtigt sind. Für das Testen der Variablen auf Signifikanz wird ein Signifikanzniveau von fünf Prozent gewählt. Variablen, die als signifikant identifiziert werden, werden in das finale Regressionsmodell aufgenommen.

Auf den folgenden Seiten wird das jeweilige Vorgehen erläutert, welches für die Ermittlung (I) der Unterbrechungskosten, (II) der *Values of Lost Load* und (III) der Unannehmlichkeiten aufgrund von Versorgungsunterbrechungen verwendet wird. Eine schematische Darstellung des Simulationsmodells für (I) und (II) ist in Abbildung 29 wiederzufinden.

6.3.1 Unterbrechungskosten

Die vier durchgeführten Schritte für die Bestimmung der Unterbrechungskosten mit dem hier beschriebenen Ansatz geäußerter Präferenzen werden im Folgenden detailliert erläutert.

■ Binärer Modellabschnitt

Sowohl bei $y_{\Delta t,\text{WTA}}$, den WTA-basierten, als auch bei $y_{\Delta t,\text{WTP}}$, den WTP-basierten Kosten, haben Befragte bei den jeweiligen Unterbrechungsdauern angegeben, keine Akzeptanz- oder Zahlungsbereitschaft zu haben. Deshalb soll als erstes ein binäres Entscheidungsmodell verwendet werden, welches abbildet, ob Unterbrechungskosten anfallen. Falls Unterbrechungskosten anfallen, soll das binäre Modell als Ergebnis eine Eins ($X = 1$) und andernfalls eine Null ($X = 0$) ausgeben. Hierfür wird versucht, ein bereits in den Annahmen für dieses Kapitel im Abschnitt 6.1.3 beschriebenes binäres diskretes Entscheidungsmodell einzusetzen. Hierbei werden sowohl Probit- als auch Logit-Modelle getestet. Anhand dieses binären Entscheidungsmodells sollen die Eintrittswahrscheinlichkeiten $p_{y,\Delta t}$, dass bei den jeweiligen Unterbrechungsdauern Kosten entstehen, modelliert werden. Somit ergibt sich (34). Sämtliche in der Umfrage vorhandenen Merkmale werden als Regressoren getestet.

$$y_{\Delta t} = X \cdot y_{\Delta t,\text{OLS}} \quad \text{und} \quad \begin{cases} X = 0 & \text{mit } p(X = 0) = 1 - p_{y,\Delta t} \\ X = 1 & \text{mit } p(X = 1) = p_{y,\Delta t} \end{cases} \tag{34}$$

■ *Ordinary Least Square*-Modellierung

Im nächsten Schritt werden die WTA- und WTP-basierten Unterbrechungskosten für die Haushalte geschätzt, bei denen für das jeweilige Ausfallszenario Unterbrechungskosten anfallen (siehe den vorigen Schritt). Hierfür werden Log-Log-Regressionen verwendet. Diese haben den Vorteil, dass multiplikative Zusammenhänge aufgrund der Logarithmierung mittels der

Methode der kleinsten Quadrate (OLS für *ordinary least squares* aus dem Englischen) linear untersucht werden können, siehe Abschnitt 6.1.2.

a) Für WTA-Unterbrechungskosten $y_{\Delta t,\,\text{OLS, WTA}}$ werden als Regressoren die Merkmale Haushaltsgröße n_{hh} [Personen], monatliches Haushalts-Nettoeinkommen w_{hh} in [Euro/Monat] und als Dummy-Variable das Merkmal Gebäudetyp bt_{dummy} [-] (Ein-, Zweifamilien-/Reihenhaus: ja [1] oder nein [0]) verwendet. C ist die Regressionskonstante. Somit ergeben sich (35) und (36).

$$y_{\Delta t,\,\text{OLS, WTA}} = C \cdot n_{\text{hh}}^{\alpha} \cdot w_{\text{hh}}^{\beta} \cdot e^{\gamma \cdot bt_{\text{dummy}}} \tag{35}$$

$$\ln\left(y_{\Delta t,\,\text{OLS, WTA}}\right) = \ln\left(C\right) + \alpha \cdot \ln(n_{\text{hh}}) + \beta \cdot \ln(w_{\text{hh}}) + \gamma \cdot bt_{\text{dummy}} \tag{36}$$

b) Bei den WTP-Unterbrechungskosten $y_{\Delta t,\,\text{OLS, WTP}}$ werden als Regressor WTA-Unterbrechungskosten $y_{\Delta t,\,\text{OLS, WTA}}$ ausgewählt. Somit enthalten die beiden modellierten Kostengrößen (WTA und WTP) letztlich indirekt dieselben Regressoren, siehe (37) und (38) sowie (35) und (36).

$$y_{\Delta t,\,\text{OLS, WTP}} = C \cdot y_{\Delta t,\,\text{OLS, WTA}}^{\delta} \tag{37}$$

$$\ln\left(y_{\Delta t,\,\text{OLS, WTP}}\right) = \ln\left(C\right) + \delta \cdot \ln\left(y_{\Delta t,\,\text{OLS, WTA}}\right) \tag{38}$$

■ *Ordinary Least Square*-Parameterschätzung

Der dritte Schritt besteht in der Schätzung der Modellparameter sowie in der Überprüfung der ausgewählten Variablen auf Signifikanz. Weiterhin werden die sich ergebenden Residuen für die fünf unterschiedlichen unterbrechungsdauern analysiert. Dabei werden diese unter anderem auf Heteroskedaszität getestet. Im Falle von Heteroskedaszität werden die jeweiligen Regressionsuntersuchungen Heteroskedaszität-korrigiert durchgeführt. Im Zuge dessen werden für die Verteilungen der ermittelten Residuen aus der OLS-Schätzung $u_{\Delta t}$ dann statistische Verteilungsfunktionen gesucht. Mittels des sogenannten Kolmogorov-Smirnov-Tests, siehe Massey (1951), wird bei einem Signifikanzniveau von fünf Prozent überprüft, ob die Regressions-Residuen aus den jeweiligen Verteilungsfunktionen stammen können.

■ Simulation

Um schließlich möglichst repräsentative Ergebnisse für die Unterbrechungskosten ermitteln zu können, werden die geschätzten Regressionsmodelle auf die 52.254 Dateneinträge der im Abschnitt 5.2.2 vorgestellten Einkommens- und Verbrauchsstichprobe (EVS) von 2008 angewendet. Damit die mit den Parameterschätzungen (Schritt 3) assoziierten Unsicherheiten berücksichtigt werden, wird eine Monte-Carlo-Simulation implementiert. Diese hat den Vorteil, dass sie komplexe statistische Zusammenhänge bei einer ausreichend großen Anzahl an Wiederholungen gut approximieren kann. Hierfür werden die ermittelten Verteilungen von den Residuen der OLS-Schätzung im OLS-Teil des Modells genutzt und mit den 52.254 EVS-Einträgen mit jeweils 1.000 Durchläufen zufällige Unterbrechungskosten generiert.

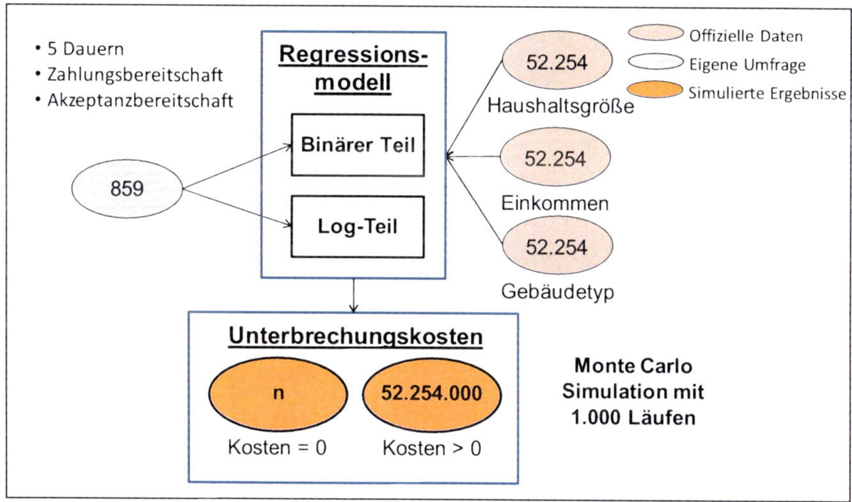

Abbildung 29: Schematische Darstellung des Simulationsmodells auf Basis von geäußerten Präferenzen zur Schätzung der Unterbrechungskosten in privaten Haushalten

6.3.2 *Value of Lost Load*

Im Anschluss an die Ermittlung der WTA- und WTP-basierten Unterbrechungskosten sollen die durchschnittlichen Unterbrechungskosten als *Value of Lost Load* (VOLL) daraus hergeleitet werden. Für die VOLL-WTA und VOLL-WTP werden die simulierten Gesamtkosten $y_{\Delta t}$ durch die jeweiligen Stromverbräuche der Haushalte dividiert. Weil die Versorgungsunterbrechung in der Umfrage zu einem beliebigen Zeitraum auftreten kann, wird vereinfachend angenommen, dass die Stromverbräuche je Zeiteinheit in den Haushalten konstant sind. In der

Realität ist dies zwar nicht der Fall, allerdings ist erstens bei der Befragung kein konkreter Zeitpunkt vorgegeben, wann sich die Unterbrechung ereignet. Zweitens gleichen sich die Effekte aus, wenn davon ausgegangen wird, dass Stromausfälle in der Zeit stochastisch auftreten. Für den Jahresstromverbrauch des Haushaltes wird hier die Kurzform *EC* gewählt (für *electricity consumption* aus dem Englischen). Mit Δt, der Dauer der Versorgungsunterbrechung in Stunden, wird der *Value of Lost Load* wie in (39) aufgeführt hergeleitet.

$$VOLL_{\Delta t} = \frac{y_{\Delta t}}{\frac{EC \cdot \Delta t}{8.760}} \tag{39}$$

6.3.3　Unannehmlichkeitsbereiche

Im Rahmen dieser Arbeit sollen weiterhin auch c_i, die Anteile der vier befragten Unannehmlichkeitsbereiche an den Gesamtkosten, ermittelt werden. Wie bereits im Abschnitt 6.2.1 beschrieben, werden die Befragten in der Online-Umfrage gebeten, folgende vier Unannehmlichkeitsbereiche auf einer Skala von 0 (stört gar nicht) bis 10 (stört sehr) zu bewerten:

- Einschränkung von Aktivitäten zu Hause während eines Stromausfalls,

- Verderb von Lebensmitteln,

- Datenverluste und Rekonfiguration von elektrischen Geräten,

- Ausfall der Wärme- und Warmwasserversorgung.

Diese subjektiven Bewertungen der Befragten I_i werden verwendet, um diese Anteile der vier befragten Unannehmlichkeitsbereiche an den Gesamtkosten c_i gemäß (40) herzuleiten.

$$c_i = \frac{I_i}{\sum_{i=0}^{i=4} I_i} \tag{40}$$

Mit diesem Schritt kann somit beispielsweise erklärt werden, welchen Anteil der Verderb von Lebensmitteln an den Gesamtkosten der Versorgungsunterbrechung hat. Für die Verteilung dieser Anteile c_i soll möglichst ein statistisch erklärender Zusammenhang gefunden werden, welcher in die Simulation eingebettet werden kann. Hierfür werden wieder sämtliche Merkmale mit Regressionsrechnungen geprüft.

Im Zusammenhang mit den Unannehmlichkeitsbereichen soll anhand der von der BPB (2008) bereits im Abschnitt 6.2.2 erwähnten Daten über die Anteile

der Haushalte mit einem eigenen Computer die Verbreitung dieser Geräte geschätzt werden. Hierfür wird eine logistische Funktion als Sigmoid-Funktion
genutzt, die an diesen beiden gegebenen Anteilen für die Jahre 1998 und 2008
verankert wird.

6.4 Ergebnisse

In diesem Unterkapitel werden die Ergebnisse der mit der Methode der geäußerten Präferenzen geschätzten Unterbrechungskosten, der *Values of Lost Load* und
die Unannehmlichkeitsbereiche vorgestellt.

6.4.1 Unterbrechungskosten

■ Binärer Modellabschnitt

Für die Bestimmung, ob bei einem Haushalt für die jeweilige Unterbrechungsdauer Kosten anfallen, werden alle in der Umfrage vorhandenen Variablen in binären Probit- und Logit-Modellen auf signifikante Zusammenhänge mit einer Dummy-Variable getestet, die reflektiert, ob ein Haushalt
angegeben hat, dass ihm Unterbrechungskosten entstehen. Anhand der im
Zusammenhang dieser Arbeit erhobenen Daten können jedoch keine signifikanten Variablen und geeigneten Modelle identifiziert werden, die wie-
dergeben, ob ein Haushalt Unterbrechungskosten hat oder nicht. So liegen
beispielsweise die McFadden-Bestimmtheitsmaße in sämtlichen Konstella-
tionen der vorhandenen Variablen stets unter einem Niveau von einem Prozent. Aus diesem Grund werden statt eines Probit- oder Logit-Regressions-
modells die in den Umfragen vorhandenen Anteile verwendet, um die
Wahrscheinlichkeiten zu beschreiben, ob ein Haushalt WTA- oder WTP-
Unterbrechungskosten hat oder nicht, siehe Abbildung 30.

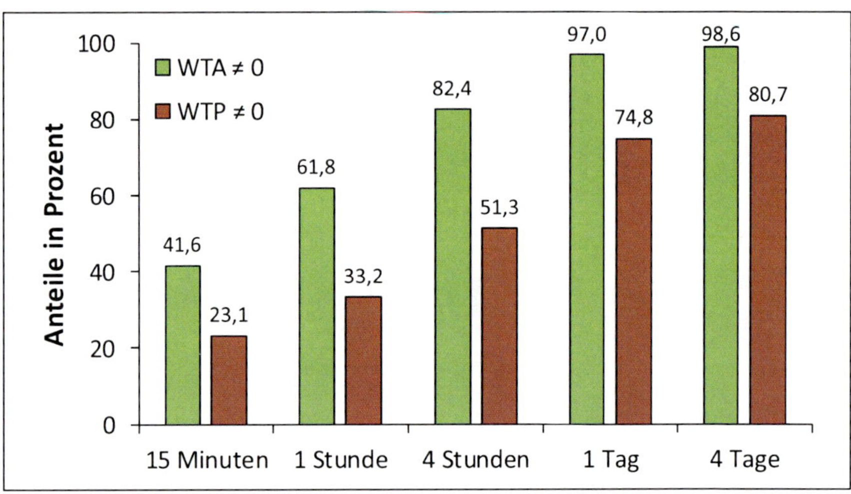

Abbildung 30:   Anteile der Haushalte in der Umfrage mit WTA- und WTP-Kosten in Prozent

■ *Ordinary Least Square*-Modellabschnitt

Im Gegensatz zu dem binären Modellabschnitt kann mit den hier erhobenen Daten ein signifikantes Modell für den OLS-Teil der Untersuchungen erstellt werden. Die geschätzten OLS-Koeffizienten für WTA- und WTP-Unterbrechungskosten mit den Testergebnissen auf statistische Signifikanz der ausgewählten Variablen sind für die fünf analysierten Unterbrechungsdauern in Tabelle 15 dargestellt.

Interessanterweise ist die Dummy-Variable bt_{dummy} Gebäudetyp (Ein-, Zweifamilien- oder Reihenhaus: ja [1] oder nein [0]) für die aufgestellten Modelle jedoch lediglich signifikant für die Modelle mit den längeren unterbrechungsdauern von vier Stunden, einem Tag und vier Tagen. Der Koeffizient von bt_{dummy}, γ, wird deshalb für die beiden kürzeren Unterbrechungsdauern unter vier Stunden (15 Minuten und eine Stunde) auf $\gamma = 0$ gesetzt.

Zwecks Übersichtlichkeit ist der OLS-Teil des Modells für die Unterbrechungskosten unten stehend als Formeln (41) bis (44) erneut aufgeführt, siehe auch Formeln (35) bis (38).

WTA-Unterbrechungskosten (41) und (42)

$$y_{\Delta t,\,\text{OLS, WTA}} = C \cdot n_{\text{hh}}^{\alpha} \cdot w_{\text{hh}}^{\beta} \cdot e^{\gamma \cdot bt_{\text{dummy}}} \tag{41}$$

$$\ln(y_{\Delta t,\,\text{OLS, WTA}}) = \ln(C) + \alpha \cdot \ln(n_{\text{hh}}) + \beta \cdot \ln(w_{\text{hh}}) + \gamma \cdot bt_{\text{dummy}} \tag{42}$$

WTP-Unterbrechungskosten (43) und (44)

$$y_{\Delta t,\,\text{OLS, WTP}} = C \cdot y_{\Delta t,\,\text{OLS, WTA}}^{\delta} \tag{43}$$

$$\ln(y_{\Delta t,\,\text{OLS, WTP}}) = \ln(C) + \delta \cdot \ln\left(y_{\Delta t,\,\text{OLS, WTA}}\right) \tag{44}$$

$y_{\Delta t,\,\text{OLS, WTA}}$: WTA-Unterbrechungskosten in [Euro]

$y_{\Delta t,\,\text{OLS, WTP}}$: WTP-Unterbrechungskosten in [Euro]

C: Regressionskonstante

n_{hh}: Haushaltsgröße [Personen]

w_{hh}: Monatliches Haushalts-Nettoeinkommen in [Euro pro Monat]

bt_{dummy}: Dummy Haushaltstyp [-]

Die Residuen in den Regressionen für die Stromunterbrechungsdauern von 15 Minuten, einer Stunde und vier Stunden sind homoskedastisch verteilt. Die Residuen in den Modellen für die Unterbrechungsdauern von einem Tag und vier Tagen sind dem Testverfahren von White (1980) nach heteroskedastisch verteilt. Eine normale OLS-Regression würde zu verzerrten Parameterschätzungen führen. Die Regression erfolgt in diesen Fällen darum um die Heteroskedastizität korrigiert. Hierfür wird eine mit den Inversen der Varianzen von den Störtermen gewichtete OLS-Regression durchgeführt.

Tabelle 15: Parameterschätzung des *Ordinary Least Square*-Teils für WTA- und WTP-Unterbrechungskosten

		Akzeptanzbereitschaft				**Zahlungsbereitschaft**	
			Koeff.	p-Wert		Koeff.	p-Wert
Viertelstunde	$p(WTA>0) = 42\,\%$	$\ln C$	-0,029	0,97	$p(WTP>0) = 23\,\%$ — $\ln C$	0,819	0,00
		α	0,861	0,00			
		β	0,260	0,01	δ	0,659	0,00
		e^{y}	1,00*	-			
		p-Wert	0,00		p-Wert	0,00	
		Korr. R^2	0,17		Korr. R^2	0,41	
			Koeff.	p-Wert		Koeff.	p-Wert
Eine Stunde	$p(WTA>0) = 62\,\%$	$\ln C$	0,955	0,07	$p(WTP>0) = 33\,\%$ — $\ln C$	0,736	0,00
		α	0,982	0,00			
		β	0,182	0,01	δ	0,673	0,00
		e^{y}	1,00*	-			
		p-Wert	0,00		p-Wert	0,00	
		Korr. R^2	0,18		Korr. R^2	0,44	
			Koeff.	p-Wert		Koeff.	p-Wert
Vier Stunden	$p(WTA>0) = 82\,\%$	$\ln C$	1667	0,00	$p(WTP>0) = 51\,\%$ — $\ln C$	0,909	0,00
		α	0,937	0,00			
		β	0,169	0,00	δ	0,612	0,00
		e^{y}	1,418	0,01			
		p-Wert	0,00		p-Wert	0,00	
		Korr. R^2	0,23		Korr. R^2	0,42	
			Koeff.	p-Wert		Koeff.	p-Wert
Ein Tag	$p(WTA>0) = 97\,\%$	$\ln C$	1,050	0,04	$p(WTP>0) = 75\,\%$ — $\ln C$	0,819	0,00
		α	1,089	0,00			
		β	0,326	0,00	δ	0,634	0,00
		e^{y}	1,494	0,00			
		p-Wert	0,00		p-Wert	0,00	
		Korr. R^2	0,26		Korr. R^2	0,45	
			Koeff.	p-Wert		Koeff.	p-Wert
Vier Tage	$p(WTA>0) = 99\,\%$	$\ln C$	1,962	0,00	$p(WTP>0) = 81\,\%$ — $\ln C$	0,939	0,00
		α	1,061	0,00			
		β	0,361	0,00	δ	0,608	0,00
		e^{y}	1,463	0,00			
		p-Wert	0,00		p-Wert	0,00	
		Korr. R^2	0,26		Korr. R^2	0,44	

■ Simulation

Ausgehend von den 52.254 gegebenen EVS-Datenpunkten und den 1.000 durchgeführten Monte-Carlo-Simulationsdurchläufen ergeben sich somit Zieldaten für insgesamt 52.254.000 simulierte Haushalte. Für jeden dieser simulierten Haushalte sind WTA- und WTP-Unterbrechungskosten jeweils für die fünf vorgegebenen und untersuchten Dauern an Versorgungsunterbrechungen vorhanden.

Die simulierten WTA- und WTP-Unterbrechungskosten nehmen mit der Dauer der Versorgungsunterbrechung zu. Im arithmetischen Mittel betragen die Kosten bei einer 15-minütigen Unterbrechung 12,40 EUR (WTA) und 6,60 EUR (WTP) und steigen bei einer Unterbrechungsdauer von 4 Tagen auf 937,40 EUR (WTA) beziehungsweise 191,40 EUR (WTP) an. Die Verteilung der Unterbrechungskosten ist allerdings stark rechtsschief, wie beispielsweise die wesentlich höheren Mittelwerte verglichen zu den Medianen zeigen.

Die Häufigkeitsverteilungen der simulierten Unterbrechungskosten in EUR sind in Abhängigkeit der Unterbrechungsdauern als Boxplots in Abbildung 31 dargestellt. Für die Whisker-Enden der Boxplots werden an dieser Stelle wieder die 5- und 95-Prozent-Quantile gewählt.

In Tabelle 16 werden darüber hinaus die Verhältnisse zwischen den arithmetischen Mittelwerten der WTA- und WTP-Unterbrechungskosten in Prozent für die fünf untersuchten Unterbrechungsdauern wiedergegeben. Diese Zahlen zeigen, dass WTA-Kosten tendenziell wesentlich höher sind als WTP-Kosten.

Tabelle 16: Verhältnisse der durchschnittlichen WTA- zu WTP-Unterbrechungskosten

	15 Minuten	1 Stunde	4 Stunden	1 Tag	4 Tage
Verhältnis WTA/WTP	2.11	2.68	3.1	3.49	5.24

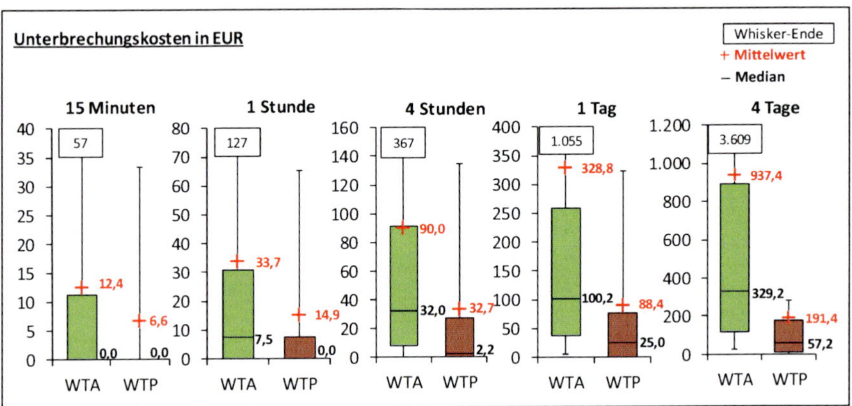

Abbildung 31: Häufigkeitsverteilungen der simulierten WTA- und WTP-Unterbrechungskosten in EUR

6.4.2 Value of Lost Load

Die *Values of Lost Load* als durchschnittliche Unterbrechungskosten pro Einheit nicht-verbrauchter elektrischer Energie werden, wie im Abschnitt 6.3.2 beschrieben, aus den simulierten Ergebnissen hergeleitet.

Die Häufigkeitsverteilungen der in EUR/kWh ermittelten *Values of Lost Load* in Abhängigkeit von der Unterbrechungsdauer sind ebenfalls als Boxplots in Abbildung 32 dargestellt. Auch hier werden für die Whisker-Enden wieder die 5- und 95-Prozent-Quantile verwendet.

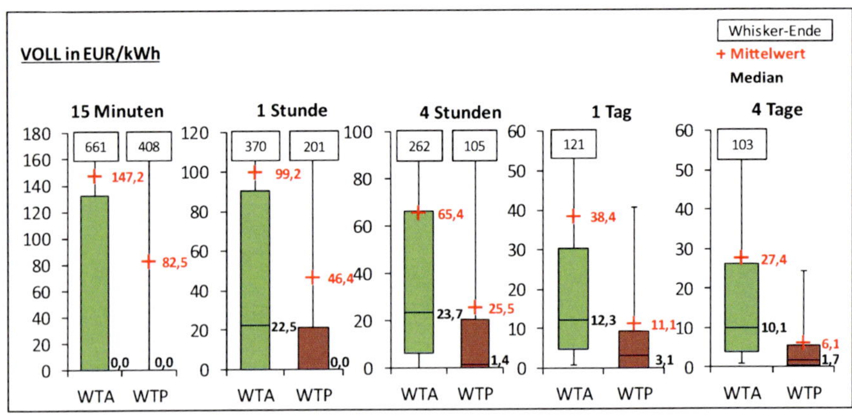

Abbildung 32: Häufigkeitsverteilungen der WTA- und WTP-*Values of Lost Load* in EUR/kWh

Die simulierten WTA- und WTP- *Values of Lost Load* nehmen mit der Dauer der Versorgungsunterbrechung ab. Im arithmetischen Mittel betragen die *Values of Lost Load* bei einer 15-minütigen Unterbrechung 147,20 EUR/kWh (WTA) und 82,50 EUR/kWh (WTP) und nehmen bei einer Unterbrechungsdauer von 4 Tagen ab auf 27,40 EUR/kWh (WTA) beziehungsweise 6,10 EUR/kWh (WTP). Die Verteilung der *Value of Lost Load* ist ebenfalls stark rechtsschief. Auch die arithmetischen Mittelwerte der WTA-*Values of Lost Load* sind tendenziell wesentlich höher als die der WTP-*Values of Lost Load*.

6.4.3 *Unannehmlichkeitsbereiche*

Für die Ermittlung der Anteile an Unannehmlichkeiten, die einem Haushalt bei einer Versorgungsunterbrechung entstehen, werden die von den Haushalten angegebenen Anteile der vorab definierten Unannehmlichkeiten mit den in der Umfrage vorhandenen Variablen in linearen Regressionsmodellen (OLS) auf signifikante Zusammenhänge getestet. Anhand der hier erhobenen Daten können jedoch keine signifikanten Variablen und geeigneten Modelle zur Beschreibung der Anteile von den Unannehmlichkeiten identifiziert werden. Die Bestimmtheitsmaße in den getesteten Modellen sind stets unter einem Niveau von zwei Prozent. An dieser Stelle werden deshalb statt eines OLS-Regressionsmodells die von den Teilnehmern der Umfrage angegebenen Anteile an Unannehmlichkeiten wiedergegeben. Die Verteilung dieser Anteile in Abhängigkeit der Unterbrechungsdauern ist in Abbildung 33 wieder in Form von Boxplots (mit 5- und 95-Prozent-Whiskern) dargestellt. Der Ausfall von Heizung und Warmwasserversorgung ist an dieser Stelle unter dem Begriff Komfortverluste subsumiert.

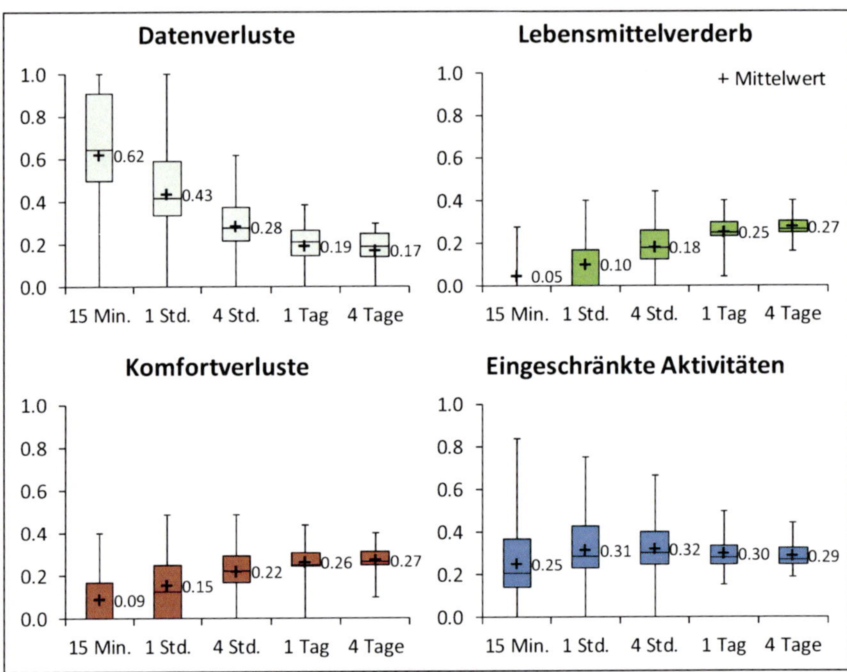

Abbildung 33: Häufigkeitsverteilungen für die Anteile von den vier Unannehmlichkeitsbereichen an den Unterbrechungskosten

Unten, in Abbildung 34, ist die inter- und extrapolierte Verbreitung von Computern in Privathaushalten dargestellt. Den Ergebnissen zufolge sollte ein Anteil
von 81 Prozent der Haushalte im Jahr 2011 einen eigenen Computer besitzen.
Dieser Anteil wächst den Ergebnissen nach weiter, beispielsweise auf einen
Anteil von 96 Prozent im Jahr 2020.

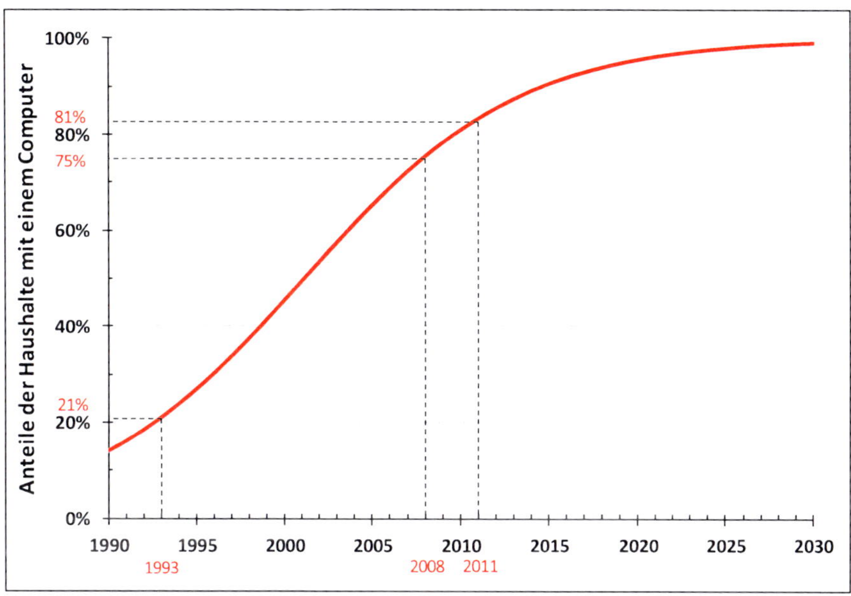

Abbildung 34: Anteile der Haushalte mit einem Computer von 1990 bis 2030 (eigene Schätzung)

6.5 Interpretation und Diskussion

In dem OLS-Modellteil zur Bestimmung der Unterbrechungskosten in privaten Haushalten ist ein signifikanter Zusammenhang zwischen der Höhe der Unterbrechungskosten und den Merkmalen Haushaltsgröße, monatliches Haushalts-Nettoeinkommen und Gebäudetyp bei den Versorgungsunterbrechungen ab einer Dauer von vier Stunden festgestellt worden, siehe Tabelle 15. Weil für die Unterbrechungsdauern von 15 Minuten und einer Stunde ein anderes Modell (ohne Dummy-Variable Gebäudetyp) als bei den Unterbrechungsdauern von vier Stunden, einem Tag und vier Tagen (mit Dummy-Variable Gebäudetyp) verwendet wird, wird im Folgenden der Einfluss der Variablen auf diese Modelle getrennt voneinander diskutiert. Zum besseren Verständnis der Interpretation der Log-Log-Regression wird im Abschnitt 6.1.2 erläutert, dass die Koeffizienten so interpretiert werden können, dass eine Änderung von einem Prozent des jeweiligen Regressors zu einer Änderung des Regressanden in Höhe der Koeffizienten (in Prozent) führt.

Bei den Unterbrechungskosten geht die Haushaltsgröße fast linear proportional mit der Höhe der Kosten einher. Die Koeffizienten variieren hier bei den fünf Unterbrechungsdauern zwischen 86 und 110 Prozent. Dabei hat die Haushaltsgröße einen geringeren Einfluss auf die Kosten bei den 15-minütigen Unterbrechungen (86 Prozent) verglichen mit den einstündigen Unterbrechungen (98 Prozent). Eine mögliche Erklärung hierfür könnte sein, dass je größer ein Haushalt ist, desto eher teilen sich mehrere Personen elektrische Geräte. Notwendige Rekonfigurationen von bestimmten elektronischen Geräten wie beispielsweise Telekommunikationsanlagen fallen so nach einer Versorgungsunterbrechung in kleinen Haushalten in gleichem Maße an wie in großen Haushalten. Der Bereich Datenverluste hat zudem tendenziell den größten Anteil an den kurzen Versorgungsunterbrechungen. Im späteren Verlauf der Diskussion wird darauf noch genauer eingegangen.

Bei den monatlichen Haushalts-Nettoeinkommen ist der Einfluss auf die Kosten von 15-minütigen Unterbrechungsdauern mit 26 Prozent höher verglichen mit denen einer einstündigen Unterbrechung mit 18 Prozent. Vermutlich besteht ein Zusammenhang zwischen dem zur Verfügung stehenden Einkommen und der Ausstattung der Haushalte mit elektrischen Geräten, bei denen Unterbrechungen der Elektrizitätsversorgung mit Datenverlusten einhergehen. Bei den besonders kurzen Unterbrechungen sind Datenverluste der dominierende Kostentreiber. Bei den länger andauernden Unterbrechungen steigt der Einfluss des Einkommens auf die OLS-Kosten von 17 (vierstündige Unterbrechung) auf 33 (eintägige Unterbrechung) und 36 Prozent (viertägige Unterbrechung). Möglicherweise steigt der Einfluss des Einkommens auf die Unterbrechungskosten mit der Dauer der Unterbrechung schließlich weiter an, weil Haushalte mit einem höheren Einkommen vermutlich auch eher dazu bereit sind, einen höheren Betrag zu bezahlen um Komfortverluste zu vermeiden beziehungsweise sie verlangen höhere Kompensationszahlungen, um auf Komfort zu verzichten. Darüber hinaus haben Haushalte mit hohem Einkommen wahrscheinlich tendenziell teurere Lebensmittel vorrätig. Die Kostenanteile der Bereiche Komfortverluste und Lebensmittelverderb steigen mit der Dauer von Versorgungsunterbrechungen an. Im späteren Verlauf der Diskussion wird ebenfalls auf diese beiden Bereiche genauer eingegangen.

Haushalte, die in einem Ein-, Zweifamilien- oder Reihenhaus wohnen, haben den Ergebnissen nach außerdem bei den Versorgungsunterbrechungen längerer Dauer (vier Stunden, ein Tag und vier Tage) Unterbrechungskosten, die im Schnitt zwischen 42 und 49 Prozent höher liegen als Haushalte, die nicht in solchen Wohngebäuden leben. Bei den kürzeren Unterbrechungsdauern (15 Minuten und eine Stunde) ist kein signifikanter Zusammenhang zwischen Wohngebäudetyp und der Höhe der Unterbrechungskosten feststellbar. Vermutlich liegt dies daran, dass Wohnflächen in Ein-, Zweifamilien- oder Reihenhäusern allgemein größer sind als in Mehrfamilienhäusern. Einschränkungen des Alltags, die sich erst bei längeren Unterbrechungsdauern wesentlich bemerkbar machen, gehen daher wahrscheinlich mit höheren Opportunitätskosten durch ungenutzten Wohnraum einher.

Hypothese 6-2

> Bei relativ kurzen Versorgungsunterbrechungen bis zu einer Dauer von einer Stunde ist für die Höhe der Kosten irrelevant, in welchem Gebäude der Haushalt wohnt. Bei relativ langen Unterbrechungen ab einer Dauer von vier Stunden haben Haushalte in Ein- oder Zweifamilienhäusern signifikant höhere Unterbrechungskosten als Haushalte in Mehrfamilienhäusern.

Unter der Annahme, dass die kumulierte Freizeit aller Haushaltsmitglieder abhängig von der Anzahl der Haushaltsmitglieder ist, bekräftigen diese Ergebnisse die für den theoretisch-mikroökonomischen Ansatz getroffene Hypothese 5-1, dass die Unterbrechungskosten in Privathaushalten abhängig von der Freizeit und vom verfügbaren Einkommen sind.

Die in dem theoretisch-mikroökonomischen Ansatz formulierte Hypothese 5-1 wird an dieser Stelle gestützt.

Die Höhe der hier identifizierten Unterbrechungskosten (Abschnitt 6.4) ist, wie bereits auch bei den mittels theoretisch-mikroökonomischen Ansatzes hergeleiteten Unterbrechungskosten (Abschnitt 5.4), stark rechtsschief verteilt. Die im Kontext des theoretisch-mikroökonomischen Ansatzes getroffene Hypothese 5-2, dass der Großteil der Bevölkerung sehr niedrige Unterbrechungskosten hat, während eine Minderheit allerdings wesentlich höhere Unterbrechungskosten hat, kann anhand der hier ermittelten Ergebnisse somit auch bekräftigt werden.

Auch die in dem theoretisch-mikroökonomischen Ansatz formulierte Hypothese 5-2 wird an dieser Stelle gestützt.

Die in Tabelle 16 dargestellten Verhältnisse der durchschnittlichen WTA- (Akzeptanzbereitschaften) zu WTP- Unterbrechungskosten (Zahlungsbereitschaften) weisen darauf hin, dass WTA-basierte Unterbrechungskosten generell wesentlich höher sind als WTP-basierte Unterbrechungskosten. In Abhängigkeit von der Unterbrechungsdauer steigt diese Diskrepanz weiter an. Bei einer 15-minütigen

Unterbrechung liegt das Verhältnis von WTA zu WTP bei rund 2, während dieses Verhältnis bei einer viertägigen Unterbrechung auf 5 ansteigt. Für die folgenden Schlussfolgerungen wird die Theorie von Hanemann (1991) angenommen, die in Abschnitt 6.1.1 näher erläutert wird. Die hohen Disparitäten zwischen Akzeptanz- und Zahlungsbereitschaft deuten darauf hin, dass Haushalte dem Gut Elektrizität eine geringe Substituierbarkeit mit anderen Gütern beimessen. Weiterhin zeigt der mit der Unterbrechungsdauer zunehmende relative Abstand zwischen WTA- und WTP-Kosten, dass die Substituierbarkeit weiter abnimmt, je länger die Stromversorgung der Haushalte unterbrochen ist.

Hypothese 6-3

> Die Elektrizitätsversorgung ist für private Haushalte ein mit anderen Gütern sehr schlecht substituierbares Gut. Mit zunehmender Dauer der Versorgungsunterbrechung nimmt die Substituierbarkeit durch andere Güter außerdem noch weiter ab.

Falls Haushalte sich in Zukunft an Abschaltmaßnahmen beteiligen sollen, wären zwei Ausgestaltungen denkbar. Einerseits könnten sich Haushalte (wie derzeit die Unternehmen bei der Abschaltverordnung auch) auf freiwilliger Basis gegen Kompensationszahlungen an Abschaltmaßnahmen beteiligen. Hierfür wären die ermittelten höheren WTA-Kosten relevant. Andererseits könnten Haushalte dazu verpflichtet werden, sich an Abschaltmaßnahmen aus Systemstabilitätsgründen zu beteiligen. Haushalte, die eine höhere Versorgungssicherheit benötigen, müssten diese entsprechend bezahlen. Für diesen Fall wären die ermittelten niedrigeren WTP-Kosten relevant.

Zwar nehmen die Unterbrechungskosten mit der Dauer der Versorgungsunterbrechung zu, allerdings ist dies nicht für WTA- und WTP-basierte *Values of Lost Load* beobachtbar. Abbildung 28 verdeutlicht, dass der hergeleitete *Value of Lost Load* mit der Unterbrechungsdauer abnimmt anstatt zuzunehmen. Wie bereits in Kapitel 3.2 erörtert, stellt der *Value of Lost Load* eine Art von Durchschnittskosten dar. Mit der Unterbrechungsdauer nehmen die Gesamtkosten also zu und die Durchschnittskosten nehmen ab. Dies deutet darauf hin, dass auch die Grenzkosten mit zunehmender Unterbrechungsdauer tendenziell abnehmen.

Abnehmende Grenzkosten wiederum weisen in der volkswirtschaftlichen Produktionstheorie auf positive Skaleneffekte hin, siehe Varian (2009). Für die Untersuchung von Unterbrechungskosten in privaten Haushalten ist dies ein Hinweis dafür, dass jede weitere Zeiteinheit einer Stromunterbrechungsdauer im Durchschnitt eine geringere Zunahme an Unterbrechungskosten mit sich bringt.

Eine Erklärung hierfür könnte sein, dass die Kosten eines Haushalts bei einer Stromunterbrechung sich in zwei Komponenten unterscheiden lassen. Dies sind die mit der Unterbrechungsdauer Δt variablen Kosten C_{var} und Fixkosten C_{fix}, die unabhängig von der Unterbrechungsdauer konstant bleiben, siehe (45) und (46).

$$C_{\text{total}}(\Delta t) = C_{\text{fix}} + C_{\text{var}}(\Delta t) \tag{45}$$

$$\text{mit } \frac{dC_{\text{fix}}}{d\Delta t} = 0 \text{ und } \frac{dC_{\text{var}}(\Delta t)}{d\Delta t} > 0 \tag{46}$$

Die Ergebnisse der Untersuchungen zu den Anteilen der vier vorab definierten Unannehmlichkeitsbereiche an den Stromunterbrechungskosten in Haushalten (siehe Abbildung 33) deuten ebenfalls auf das Vorhandensein von Fixkosten hin. Von den vier untersuchten Bereichen kann der Bereich der plötzlichen Datenverluste im Kontext von Privathaushalten am ehesten als überwiegend unabhängig von der Dauer der Versorgungsunterbrechung betrachtet werden. So liegt der relative Anteil des Bereichs Datenverluste an den Kosten durchschnittlich bei kurzen Unterbrechungsdauern am höchsten und nimmt mit zunehmender Unterbrechungsdauer ab. Bei der 15-minütigen Unterbrechung beträgt der Anteil dieses Bereichs an den Gesamtkosten durchschnittlich 62 Prozent und fällt im Falle der viertägigen Unterbrechung auf 17 Prozent zurück.

Zwischen den Anteilen der Unannehmlichkeiten und der Höhe der Unterbrechungskosten ist, wie bereits im vorherigen Abschnitt beschrieben, kein signifikanter Zusammenhang feststellbar. Aus diesem Grund kann aus den Ergebnissen geschlussfolgert werden, dass bei 15-minütigen Unterbrechungen für den Bereich Datenverluste im arithmetischen Mittel WTA-basierte Kosten in Höhe von 7,67 EUR und WTP-Kosten in Höhe von 4,07 EUR anfallen. Im Median betragen diese Kosten 0 EUR. Eine Versorgungsunterbrechung verursacht je Privathaushalt vermutlich Kosten in dieser Höhe unabhängig von der Dauer der Unterbrechung. Darüber hinaus kann dieser Kostenteil wahrscheinlich durch Vorankündigungen von Versorgungsunterbrechungen reduziert werden. Unter der Annahme, dass der Anteil der Haushalte mit Computern weiter zunimmt (siehe Abbildung 34), darf davon ausgegangen werden, dass die Bedeutung und die Höhe dieser Kosten in Zukunft für ungeplante Unterbrechungen weiter zunehmen werden.

Hypothese 6-4

> Eine Unterbrechung der elektrischen Versorgung führt auch bei Privathaushalten zu Fixkosten, die unabhängig von der Unterbrechungsdauer sind. Vor allem ist dies dem Bereich der Datenverluste zuzuschreiben. Im Mittel verursachen bereits sehr kurze Versorgungsunterbrechungen im Betrachtungszeitraum Kosten zwischen 4,10 EUR (WTP) und 7,70 EUR (WTA). Mit der zunehmenden Digitalisierung in den Haushalten ist tendenziell mit einer Zunahme dieser Kosten zu rechnen.

Wird der formulierten Hypothese 6-4 gefolgt, so tendiert der *Value of Lost Load* als durchschnittliche Kostengröße bei Unterbrechungsdauern, bei denen die Zeitintervalle gegen null gehen (und damit auch der eigentlich gewollte Stromverbrauch), gegen unendlich. Demzufolge ist der *Value of Lost Load* für sehr kurze Unterbrechungen der elektrischen Versorgung bei Vorhandensein von Fixkosten eine eher ungeeignete Kennzahl, siehe Hypothese 6-5.

Hypothese 6-5

> Sind Unterbrechungsfixkosten vorhanden (unabhängig vom eigentlich gewollten Stromverbrauch beziehungsweise der Dauer der Versorgungsunterbrechung), so tendiert der *Value of Lost Load* bei sehr kurzen Unterbrechungen der Elektrizitätsversorgung gegen unendlich und ist dafür eine eher ungeeignete Kennzahl.

Die durchschnittlichen Anteile der Bereiche Verderb von Lebensmitteln und Komfortverluste hingegen nehmen mit der Unterbrechungsdauer zu. Der Bereich Verderb von Lebensmitteln hat bei einer 15-minütigen Unterbrechung einen Anteil von rund 5 Prozent an den Gesamtkosten. Dieser Anteil steigt auf 27 Prozent bei einer Unterbrechung von 4 Tagen. Der Bereich Komfortverluste hat bei Unterbrechungen von 15 Minuten einen Anteil von 9 Prozent an den Gesamtkosten, welcher für Unterbrechungen von 4 Tagen auf rund 27 Prozent ansteigt.

Einschränkungen von Aktivitäten durch Stromausfälle haben einen mehr oder weniger konstanten Anteil an den Gesamtunterbrechungskosten für die untersuchten Unterbrechungsdauern. So steigt der Anteil dieses Bereichs von rund 25 Prozent für eine 15-minütige Unterbrechung auf nur 32 Prozent für eine vierstündige Unterbrechung an und sinkt wieder ab auf einen Anteil von rund 29 Prozent bei den viertägigen Unterbrechungen. Mit einer Zunahme der elektrischen Geräte in Privathaushalten, wie beispielsweise bei den Computern (siehe

Abbildung 34), ist auch hier anzunehmen, dass die Kosten in diesem Bereich in Zukunft tendenziell zunehmen werden.

Die Kosten einer einstündigen Versorgungsunterbrechung betragen dem Ansatz der geäußerten Präferenzen nach zwischen 14,88 EUR (WTP) und 33,68 EUR (WTA). Einschränkungen von Freizeitaktivitäten stellen bei dieser Unterbrechungsdauer im Mittel rund 31 Prozent dieser Kosten dar. Somit bewegen sich die durchschnittlichen Kosten für die Einschränkung von Aktivitäten pro Haushalt zwischen 4,65 EUR (WTP) und 10,53 EUR (WTA). Die mit dem makroökonomischen Ansatz bestimmten Kosten liegen im Durchschnitt bei 7,40 EUR. Diese Zahl befindet sich somit fast genau in der Mitte der hier ermittelten WTA- und WTP-Kosten. Die Ergebnisse beider Ansätze stützen sich somit gegenseitig.

Im Mittel liefern beide in dieser Arbeit durchgeführten Methoden (theoretisch-mikroökonomisch und nach geäußerten Präferenzen) hier zu ähnlichen Resultaten bei Unterbrechungskosten in Haushalten bezüglich des Verlustes von Freizeitaktivitäten.

6.6 Kritische Würdigung und weiterer Forschungsbedarf

Dieser letzte Unterabschnitt widmet sich der kritischen Würdigung bei der Bestimmung der Unterbrechungskosten in Privathaushalten anhand des Ansatzes geäußerter Präferenzen und zeigt den weiteren Forschungsbedarf für zukünftige Arbeiten auf.

Die Methode der geäußerten Präferenzen basiert auf hypothetischen Unterbrechungsszenarien. Für diese Arbeit werden hierfür hypothetische Versorgungsunterbrechungen mit Unterbrechungsdauern von 15 Minuten, einer Stunde, vier Stunden, einem Tag und vier Tagen verwendet. Wie bereits im Kapitel 2.1 beschrieben, ist die elektrische Versorgungssicherheit in Deutschland bisher im internationalen Vergleich auf einem sehr hohen Niveau. Deshalb ist die Wahrscheinlichkeit sehr hoch, dass die Befragten Stromunterbrechungen vergleichbarer Dauern bisher noch nicht persönlich wahrgenommen haben. Verzerrungen durch daraus resultierende Fehleinschätzungen der Befragten zum Nutzenverlust durch Stromunterbrechungen sind daher nicht auszuschließen.

Die Umfrage ist online über das Internet durchgeführt worden. Haushaltsmitglieder, die keinen Zugang zum Internet haben, können an der Befragung deshalb nicht teilnehmen. Haushalte ohne einen Zugang zum Internet können aber systematisch andere Kosten bei Unterbrechungen der Elektrizitätsversorgung haben als Haushalte, denen ein Zugang zum Internet bereitsteht. Aufgrund dessen ist eine systematische Stichprobenverzerrung (englisch *sample bias*) der zugrunde liegenden Daten nicht auszuschließen. Weil jedoch keine Daten bezüglich der Unterbrechungskosten von Haushalten ohne einen Internetzugang für die Analysen zur Verfügung stehen, sind eine Quantifizierung und damit eine Korrektur eventueller Stichprobenverzerrungen im Rahmen dieser Arbeit nicht möglich. Im Rahmen von zukünftigen Arbeiten sollten Unterbrechungskosten von Haushalten ohne einen Zugang zum Internet erfasst und mit den Ergebnissen dieser Arbeit verglichen werden.

Weil die Teilnahme an der durchgeführten Umfrage freiwillig ist, steht es den Befragten offen, ob sie auf die Fragen antworten oder nicht. Deshalb besteht die Möglichkeit, dass antwortende Haushalte systematisch unterschiedliche Unterbrechungskosten haben im Vergleich zu nicht-antwortenden Haushalten. So ist eine systematische Selbstselektionsverzerrung (englisch *self-selection bias*) nicht auszuschließen. Bei freiwilligen Umfragen ist nach Dewey (2011) eine Selbstselektionsverzerrung wahrscheinlicher, da häufig Befragte mit starken (extremeren) Meinungen eher ein Interesse an einer Teilnahme an den Umfragen haben. Bei der Verbreitung der Umfrage im Rahmen dieser Arbeit sind verschiedene Kanäle verwendet worden, siehe Abschnitt 6.2.1. Weiterhin ist die Umfrage technisch so konzipiert worden, dass eine Teilnahme aufgrund von Datenschutzaspekten anonym ist. Aufgrund dessen ist die Bestimmung von Rücklaufquoten somit nicht möglich. Hierdurch sind eine Quantifizierung und Korrektur eventueller Selbstselektionsverzerrungen nicht möglich. Wissenschaftler könnten Haushalte, die sich sonst nicht an einer solchen Umfrage beteiligen würden, in zukünftigen Arbeiten beispielsweise anhand von Anreizen zur Teilnahme motivieren.

Weiterhin ist mit den vorhandenen Variablen für den binären Teil des OLS-Modells und auch für die Anteile der Unannehmlichkeiten kein geeignetes Modell identifizierbar. Stattdessen werden in diesen Fällen die Verteilungen aus den Umfragen für die weiteren Untersuchungen verwendet. Allerdings liegt der Anteil der Haushalte, die bei einstündigen Unterbrechungen keine WTA-Kosten bekunden (38 Prozent), ungefähr in dem Bereich wie bei dem theoretisch-mikroökonomischen Ansatz (37 Prozent). So ist an dieser Stelle anzumerken, dass hierdurch trotzdem Verzerrungen in den Ergebnissen vorhanden sein können, falls die tatsächlich beschreibenden Merkmale unter der Gesamtheit der Befragten nicht repräsentativ verteilt sein sollten. In zukünftigen Studien sollten andere Merkmale erfasst werden, um diesen Entscheidungsprozess möglichst abbilden und hochrechnen zu können.

Wie bei den meisten Regressionen ist auch bei dem OLS-Teil dieser Arbeit eine vollständige Berücksichtigung sämtlicher relevanten Variablen nicht möglich, siehe Clarke (2005). Aus diesem Grund sind Verzerrungen der Schätzfunktion aufgrund von ausgelassenen Variablen (englisch *omitted variable bias*) nicht auszuschließen, so dass die Ergebnisse der Schätzung der Regressionskoeffizienten in Tabelle 15 unter diesem Vorbehalt interpretiert werden sollten. Allerdings werden in dieser Arbeit die Störterme (Residuen) der Regression mittels der im Abschnitt 6.3 beschriebenen Monte-Carlo-Simulation für die Ermittlung der Endergebnisse berücksichtigt. Aus diesem Grund dürften die Endergebnisse bezüglich der Unterbrechungskosten relativ robust gegenüber derlei Verzerrungen sein.

7 Versorgungssicherheit im Kontext von Klimaschutz und Kernenergieausstieg

In den vorangegangenen Teilen dieser Arbeit sind die energiepolitischen Ziele Versorgungssicherheit und Wirtschaftlichkeit in den Kontext zueinander gesetzt worden, indem der Nutzen von Versorgungssicherheit und die Kosten von Unterbrechungen geschätzt werden. Dieser Teil der Arbeit soll einen Beitrag zur Untersuchung der Präferenzen in der Bevölkerung hinsichtlich der energiepolitischen Ziele Versorgungssicherheit und Umweltverträglichkeit leisten. Die Untersuchungen konzentrieren sich zeitlich unmittelbar auf die Wochen nach den Reaktorunfällen in Japan 2011. Hierfür werden die Präferenzen der Bevölkerung zwischen den Themen Versorgungssicherheit sowie Klimaschutz und Kernenergieausstieg untersucht.

Basierend auf einer zweiten Online-Umfrage wird hierfür ein Modell verwendet, das die Entscheidung der Individuen bezüglich der Präferenzen zu diesen Themen in dem untersuchten Zeitraum beschreibt. Anhand einer Simulation werden anschließend Ergebnisse für die gesamte Bevölkerung errechnet. Im Folgenden werden zunächst verwendete Annahmen und theoretische Grundlagen für geordnete diskrete Entscheidungsmodelle im Abschnitt 7.1 erläutert. Die erhobenen und genutzten Daten werden in Abschnitt 7.2 und das verwendete Modell und die Simulation in Abschnitt 7.3 vorgestellt. In Abschnitt 7.4 werden die Ergebnisse präsentiert und in Abschnitt 7.5 interpretiert und diskutiert. Abschließend findet auch in diesem Kapitel in Abschnitt 7.6 eine kritische Würdigung der durchgeführten Untersuchung statt und ein Ausblick auf den weiteren Forschungsbedarf wird gegeben.

7.1 Verwendete Annahmen und theoretische Grundlagen: geordnete diskrete Entscheidungsmodelle

An dieser Stelle wird kurz auf geordnete diskrete Entscheidungsmodelle (im Englischen *ordered discrete choice models*) eingegangen werden, so dass das Verständnis der Modellierung erleichtert wird.

Geordnete diskrete Entscheidungsmodelle, wie beispielsweise geordnete Probit- und Logit-Modelle, gehören wie auch die bereits in Abschnitt 6.1.3 beschriebenen binären diskreten Entscheidungsmodelle zu den nicht-linearen zensierten Regressionsmodellen. Während die abhängige Variable bei den binären diskreten Entscheidungsmodellen lediglich zwei Ausprägungen annehmen kann, kann sie bei den geordneten diskreten Entscheidungsmodellen mehrere Ausprägungen annehmen. Diese Ausprägungen besitzen beim geordneten Modell dabei eine vorgegebene Wertigkeit. Ein Beispiel hierfür wäre die Entscheidung eines Individuums über die Wichtigkeit von Versorgungssicherheit in die Kategorien unwichtig, neutral, wichtig. So haben die Kategorien unwichtig, neutral und wichtig in dieser Reihenfolge (oder in der umgekehrten Reihenfolge) eine vorgegebene Wertigkeit. Anhand von geordneten diskreten Entscheidungsmodellen können solche Prozesse unter Umständen mathematisch abgebildet werden. Die Wertebereiche der Regressanden (abhängigen Variablen) werden in so viele Teilbereiche differenziert, wie geordnete Auswahlmöglichkeiten zur Verfügung stehen. Die sich ergebenden Teilbereiche spiegeln dann die möglichen diskreten Optionen für die Entscheider wider. Bei einer Schätzung solcher Modelle werden somit Regressionskoeffizienten und Intervallgrenzen für die Teilbereiche geschätzt. Die Residuen des geordneten Probit-Modells sollen wie beim binären Modell auch standardnormalverteilt sein, während die Residuen des geordneten und binären Logit-Modells logistisch verteilt sein sollen. Aus diesem Grund können bei geordneten diskreten Entscheidungsmodellen ebenfalls Wahrscheinlichkeiten bestimmt werden, mit denen die jeweiligen geordneten Alternativen gewählt werden.

Für darüber hinausgehende Informationen siehe auch hier beispielsweise Train (2009).

7.2 Datengrundlage

Nach der Beschreibung der theoretischen Grundlagen werden hier die für die Modellierung und Simulation verwendeten Daten präsentiert. Dabei handelt es sich um Daten aus einer eigenen Umfrage und wieder um Daten aus der Einkommens- und Verbrauchsstichprobe von DESTATIS.

7.2.1 Eigene Online-Umfrage

In einer (zweiten) Online-Umfrage werden die Teilnehmer nach ihren Präferenzen bezüglich Versorgungssicherheit im Kontext zu den Themen Klimaschutz und Kernenergieausstieg befragt. Für Versorgungssicherheit und Klimaschutz sollen die Befragten angeben, welche der folgenden Aussagen ihren Präferenzen am ehesten entsprechen.

- Klimaschutz ist sehr viel wichtiger als Versorgungssicherheit

- Klimaschutz ist wichtiger als Versorgungssicherheit

- Klimaschutz ist genauso wichtig wie Versorgungssicherheit

- Versorgungssicherheit ist wichtiger als Klimaschutz

- Versorgungssicherheit ist sehr viel wichtiger als Klimaschutz

Genauso sollen die Befragten angeben, welche der folgenden Aussagen zu Versorgungssicherheit und Kernenergieausstieg ihren Präferenzen am ehesten entsprechen.

- Kernenergieausstieg ist sehr viel wichtiger als Versorgungssicherheit

- Kernenergieausstieg ist wichtiger als Versorgungssicherheit

- Kernenergieausstieg ist genauso wichtig wie Versorgungssicherheit

- Versorgungssicherheit ist wichtiger als Kernenergieausstieg

- Versorgungssicherheit ist sehr viel wichtiger als Kernenergieausstieg

Wie bereits bei der ersten Online-Umfrage (siehe Abschnitt 6.2.1) werden die Befragten auch im Rahmen dieser zweiten Online-Umfrage gebeten, ihre monetären Zahlungs- und Akzeptanzbereitschaften bezüglich von Unterbrechungen der elektrischen Versorgung darzulegen. Die Unterbrechungsdauern sind die gleichen mit 15 Minuten, einer Stunde, vier Stunden, einem Tag und vier Tagen.

- Schätzung der Höhe der Bereitschaften, *ex ante* für eine Notstromversorgung zwecks Vermeidung von Versorgungsunterbrechungen mit den vorgegebenen Dauern zu zahlen (Zahlungsbereitschaften).

- Schätzung der Höhe von für fair erachteten monetären Kompensationszahlungen, die *ex post* als Ausgleich für Unterbrechungen mit den vorgegebenen Dauern gezahlt werden (Akzeptanzbereitschaften).

Auch hier werden die Befragten gebeten, darüber hinaus Angaben bezüglich der folgenden persönlichen Themen zu leisten:

- Haushaltsgröße (Anzahl der Erwachsenen und Kinder),

- Stromverbrauch und Abrechnungszeitraum,

■ individuelles und gesamtes Haushalts-Nettoeinkommen,

■ wöchentliche Arbeitszeit der befragten Person,

■ subjektive Einschätzung der persönlichen Abhängigkeit von Elektrizität in der Freizeit,

■ Typ des Gebäudes, in dem der befragte Haushalt sich befindet.

Der für diesen Teil der Arbeit verwendete Fragebogen mit dem genauen Wortlaut ist im Anhang dargestellt. Die technische Durchführung der Umfrage ist dieselbe wie für die Umfrage zu den Unterbrechungskosten in privaten Haushalten, siehe Abschnitt 6.2.1.

Die Umfrage wurde sechs Tage nach den Reaktorunfällen in der japanischen Präfektur Fukushima 2011 über einen gesamten Zeitraum von drei Monaten durchgeführt. Insgesamt haben schließlich 216 Individuen an der Umfrage teilgenommen. Auch hier werden Mehrfacheinträge bei der Umfrage *ex post* durch die verwendeten Skripte und Datenbanken herausgefiltert.

Die Distribution dieser Umfrage erfolgte hauptsächlich via Internet, so dass hierfür in der Regel E-Mails, verschiedene Internetforen und soziale Medien verwendet wurden. Aus datenschutzrechtlichen Gründen wurde die Umfrage auch in diesem Fall vollständig anonym durchgeführt.

7.2.2   *Einkommens- und Verbrauchsstichprobe*

Die Daten der Einkommens- und Verbrauchsstichprobe aus dem Jahr 2008 (EVS 2008) werden ebenfalls für die Untersuchungen von Präferenzen hinsichtlich Versorgungssicherheit und Umweltverträglichkeit verwendet. Weil diese Daten bereits im Zusammenhang mit den Untersuchungen für Unterbrechungskosten in privaten Haushalten im Abschnitt 5.2.2 vorgestellt werden, wird an dieser Stelle auf eine erneute Vorstellung der Einkommens- und Verbrauchsstichprobe verzichtet.

7.3 Modell- und Simulationsbeschreibung

Die zur Auswahl stehenden Aussagen hinsichtlich Versorgungssicherheit sowie Klimaschutz und Kernenergieausstieg haben eine geordnete Wertigkeit. Anhand dieser Wertigkeit der Aussagen können Rückschlüsse bezüglich der Präferenzen zwischen diesen Themen gezogen werden. Somit wird dafür die Methode der geäußerten Präferenzen (englisch *stated preferences method*) verwendet. Im Abschnitt 3.3 wird diese Methode im Kontext der Methoden zur Bestimmung von Unterbrechungskosten vorgestellt. In diesem Teil der Arbeit sollen die Wahrscheinlichkeiten für eine der jeweils fünf Auswahlmöglichkeiten für ein Individuum modelliert und errechnet werden. Aufgrund der geordneten Wertigkeiten der Aussagen wird hierfür ein geordnetes diskretes Entscheidungsmodell (*ordered discrete choice model*) verwendet. In diesem konkreten Fall wird ein geordnetes Probit-Modell (*ordered probit model*) gewählt.

Für die Beschreibung der Präferenzen zwischen Versorgungssicherheit und Klimaschutz dienen als Modelleingangsparameter die Merkmale Haushaltsgröße, Stromverbrauch und der Gebäudetyp. Für die Beschreibung der Präferenzen zwischen Versorgungssicherheit und Kernenergieausstieg werden die Präferenzen zwischen Versorgungssicherheit und Klimaschutz als Modelleingangsparameter verwendet. Diese Variablen haben sich im Verlauf der Untersuchungen als signifikant erwiesen. Auch darüber hinaus werden aber sämtliche weitere Merkmale, die in dieser Umfrage erfasst werden, auf Signifikanz getestet. Für die Signifikanztests der Variablen wird ein Niveau von fünf Prozent gewählt. Anschließend wird auf der Basis dieses Modells die Verteilung in der Bevölkerung simuliert.

Im Wesentlichen besteht das genaue Vorgehen zur Bestimmung der Präferenzen aus drei Schritten, die im Folgenden näher erläutert werden.

■ Modellierung

Zunächst werden geordnete Probit-Regressionsmodelle erstellt, die die beiden Entscheidungsprozesse zwischen den jeweils fünf gegebenen Alternativen (für Versorgungssicherheit und Klimaschutz sowie für Versorgungssicherheit und Kernenergieausstieg) abbilden.

Als Regressoren für das geordnete Probit-Modell zur Beschreibung der Entscheidung bezüglich der Präferenzen zwischen Versorgungssicherheit und Klimaschutz y_{Cli} werden Haushaltsgröße n_{hh} [Personen], Jahresstromverbrauch EC [kWh] und als Dummy-Variable das Merkmal Gebäudetyp bt_{dummy} [-] (Ein-, Zweifamilien- oder Reihenhaus: ja [1] oder nein [0]) gewählt, siehe (48). $y_{Cli, linear}$ ist der Regressand des linearen Regressionsteils vor der Zensur des geordneten Probit-Modells, siehe (47).

$$y_{\text{Cli}} = f_{\text{OP}}\left(y_{\text{Cli, linear}}\right) \tag{47}$$

$$y_{\text{Cli, linear}} = \alpha \cdot n_{\text{hh}} + \beta \cdot EC + \gamma \cdot bt_{\text{dummy}} \tag{48}$$

Für die Modellierung der Entscheidung bezüglich der Präferenzen zwischen Versorgungssicherheit und Kernenergieausstieg $y_{\text{Nuc,}}$ wird als Regressor die Präferenz zwischen Versorgungssicherheit und Klimaschutz y_{Cli} gewählt, siehe (49) und (50). Somit erhalten y_{Nuc} und y_{Cli} implizit dieselben Regressoren. $y_{\text{Nuc, linear}}$ ist ebenfalls der lineare Regressionsteil vor der Zensur.

$$y_{\text{Nuc}} = f_{\text{OP}}\left(y_{\text{Nuc, linear}}\right) \tag{49}$$

$$y_{\text{Nuc, OLS}} = \delta \cdot y_{\text{Cli}} \tag{50}$$

■ Parameterschätzung

Als nächstes werden die Modellparameter und die Intervallgrenzwerte zwischen den geordneten Stufen der Aussagen für die geordneten Probit-Modelle anhand der Umfragedaten mittels der Maximum-Likelihood-Methode geschätzt. und die sich ergebenden Residuen analysiert. Eine wichtige Annahme des geordneten Probit-Modells ist, dass die Residuen der Analyse normalverteilt sind. Deshalb wird für die ergebende Regression überprüft, ob die Residuen tatsächlich normalverteilt sind. Hierfür wird ein Chi-Quadrat-Test bei einem Signifikanzniveau von fünf Prozent verwendet.

■ Simulation

Schließlich sollen möglichst repräsentative Aussagen bezüglich der Präferenzen zu Versorgungssicherheit, Klimaschutz und Kernenergieausstieg getroffen werden. Anhand der geschätzten geordneten Probit-Modelle kann für einen Haushalt errechnet werden, wie hoch die Wahrscheinlichkeiten sind, dass jeweils eine der fünf zur Auswahl gegebenen Optionen gewählt wird, siehe Abschnitt 7.1. Die Berechnung dieser Wahrscheinlichkeiten wird für die 52.254 Haushalte der EVS 2008 durchgeführt. Als Maximum-Likelihood-Schätzer werden für jede Option die Mittelwerte der Wahrscheinlichkeiten über alle 52.254 Haushalte gewählt. Diese Mittelwerte stellen somit die aus dem Modell wahrscheinlichste Verteilung der Präferenzen bezüglich Versorgungssicherheit und Nachhaltigkeit innerhalb der Bevölkerung dar.

7.4 Ergebnisse

Tabelle 17 zeigt die geschätzten Koeffizienten und Intervallgrenzen der beiden geordneten Probit-Modelle. Der Likelihood-Ratio-Test zeigt, dass beide Modelle bei dem gewählten Signifikanzniveau von fünf Prozent signifikant sind. Die verwendeten Variablen sind ebenfalls in beiden Modellen bei diesem Niveau signifikant. Der Chi-Quadrat-Test auf Normalverteilung für die Regressions-Residuen ergibt bei einem gewählten Niveau von fünf Prozent bei beiden Modellen ein signifikantes Ergebnis.

Tabelle 17: Parameterschätzungen für die geordneten Probit-Modelle

Klimaschutz			Kernenergieausstieg		
	Koeff.	p-Wert		Koeff.	p-Wert
$\alpha\,[n_{hh}]$	-0,173	0,00 < 0,05			
$\beta\,[EC \cdot 1000]$	0,061	0,00 < 0,05	$\delta\,[y_{Cli}]$	0,859	0,00 < 0,05
$\gamma\,[bt_{dummy}]$	0,486	0,00 < 0,05			
Grenze 1: von 1 zu 2	-1,076	0,00 < 0,05	Grenze 1: von 1 zu 2	1,913	0,00 < 0,05
Grenze 2: von 2 zu 3	-0,349	0,04 < 0,05	Grenze 2: von 2 zu 3	2,476	0,00 < 0,05
Grenze 3: von 3 zu 4	0,953	0,00 < 0,05	Grenze 3: von 3 zu 4	3,114	0,00 < 0,05
Grenze 4: von 4 zu 5	1,622	0,00 < 0,05	Grenze 4: von 4 zu 5	3,782	0,00 < 0,05
Likelihood-Ratio-Test	18,09	0,00 < 0,05	Likelihood-Ratio-Test	106,05	0,00 < 0,05
Chi-Quadrat-Test (2)	1,329	0,51 > 0,05	Chi-Quadrat-Test (2)	3,503	0,17 > 0,05
(Normalverteilung)			(Normalverteilung)		

Wie bereits beschrieben, werden anhand der geschätzten Modelle und der Basis der Daten von der EVS 2008 Simulationen angewendet, um die Repräsentativität der Ergebnisse so gut wie möglich zu verbessern. In Abbildung 35 sind die Ergebnisse für die Verteilung der Präferenzen zu Versorgungssicherheit und Klimaschutz und in Abbildung 36 die Ergebnisse für die Verteilung der Präferenzen zu Versorgungssicherheit und Kernenergieausstieg dargestellt.

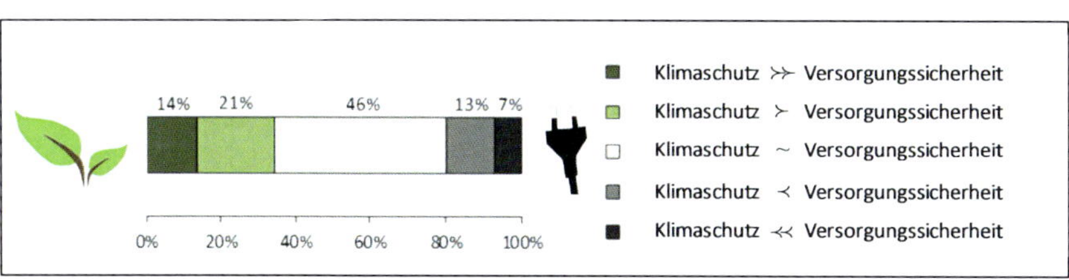

Abbildung 35: Verteilung der Präferenzen bezüglich Versorgungssicherheit und Klimaschutz in der Bevölkerung

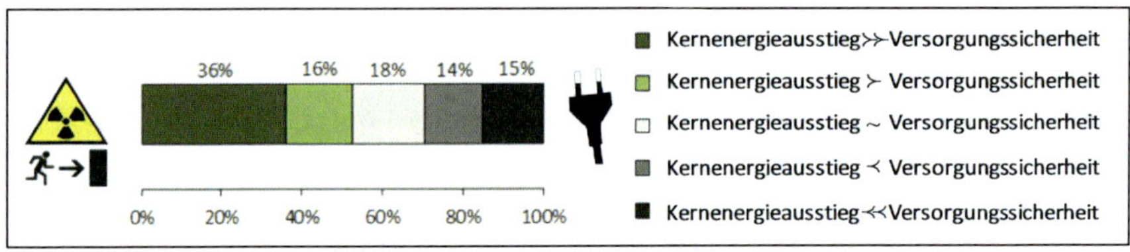

Abbildung 36:   Verteilung der Präferenzen bezüglich Versorgungssicherheit und Kernenergieausstieg in der Bevölkerung

7.5 Interpretation und Diskussion

Das geordnete Probit-Modell für die Verteilung der Präferenzen in der Bevölkerung hinsichtlich Klimaschutz und Versorgungssicherheit zeigt einen signifikanten Zusammenhang zwischen den Merkmalen Haushaltsgröße, Jahresstromverbrauch und Gebäudetyp und diesen Präferenzen.

Das geordnete Probit-Modell für die Verteilung der Präferenzen in der Bevölkerung hinsichtlich Kernenergieausstieg und Versorgungssicherheit zeigt einen signifikanten Zusammenhang mit den Präferenzen zu Klimaschutz und Versorgungssicherheit. Haushalte, die Klimaschutz für wichtiger erachten als Versorgungssicherheit, erachten somit tendenziell auch einen Kernenergieausstieg wichtiger als Versorgungssicherheit. Dadurch haben letztlich beide untersuchten Präferenzen (Versorgungssicherheit und Klimaschutz sowie Versorgungssicherheit und Kernenergieausstieg) einen signifikanten Zusammenhang mit den Merkmalen Haushaltsgröße, Jahresstromverbrauch und Gebäudetyp.

Größere Haushalte präferieren dabei tendenziell eher die Themen Klimaschutz und Kernenergieausstieg als das Thema Versorgungssicherheit im Vergleich zu kleineren Haushalten. Bei den großen Haushalten wird es sich hauptsächlich wahrscheinlich um Familien mit Kindern handeln. Demgegenüber präferieren Haushalte, die generell viel Strom verbrauchen, eher das Thema Versorgungssicherheit als die anderen beiden Themen Klimaschutz und Kernenergieausstieg. Genauso verhält es sich generell mit Haushalten, die in Ein- oder Zweifamilienhäusern wohnen. Diese präferieren ebenso generell eher die Versorgungssicherheit als Familien, die in Mehrparteienhäusern leben.

Der absolute Effekt des Lebens in einem Ein- oder Zweifamilienhaus auf die Präferenzen ist dabei ungefähr dreimal so stark wie ein zusätzliches Haushaltsmitglied. Der Effekt eines zusätzlichen Haushaltsmitglieds auf die Präferenzen wiederum ist ungefähr dreimal so stark wie ein zusätzlicher Jahresstromverbrauch von 1.000 Kilowattstunden.

Die Simulationsergebnisse für die Verteilung der Präferenzen zur Versorgungssicherheit im Kontext von Klimaschutz deuten darauf hin, dass die Mehrheit der Bevölkerung mit einem Anteil von knapp über der Hälfte Versorgungssicherheit für genauso wichtig wie Klimaschutz erachtet. Ein Drittel der Bevölkerung sieht den Klimaschutz als wichtiger an als Versorgungssicherheit, während die Minderheit der Bevölkerung mit einem Anteil von rund einem Sechstel Versorgungssicherheit für wichtiger als Klimaschutz empfindet. Somit ergibt sich eine Mehrheit der Bevölkerung mit einem Anteil von zwei Dritteln, die Versorgungssicherheit mindestens genauso wichtig oder wichtiger als Klimaschutz sieht. Diese Zweidrittelmehrheit der Bevölkerung würde demnach keine Abnahme in der Versorgungssicherheit zu Gunsten von Klimaschutz tolerieren.

Die überwiegende Mehrheit der Bevölkerung unterstützt zum Zeitpunkt der Untersuchung eine Zunahme an Klimaschutzmaßnahmen nicht, falls diese mit signifikanten Einbußen in der Versorgungssicherheit einhergehen sollte. Wahrscheinlich gilt dies ebenfalls für die Integration erneuerbarer Energien in bestehende Energiesysteme.

Die Simulationsergebnisse für die Verteilung der Präferenzen zur Versorgungssicherheit im Kontext von Klimaschutz deuten darauf hin, dass die Mehrheit der Bevölkerung mit einem Anteil von über der Hälfte einen Kernenergieausstieg für wichtiger als Versorgungssicherheit erachtet. Rund ein Drittel der Bevölkerung präferiert Versorgungssicherheit vor einem Kernenergieausstieg. Ein Sechstel der Bevölkerung hält die Themen Kernenergieausstieg und Versorgungssicherheit für gleich wichtig. Somit ergibt sich bei den Themen Kernenergieausstieg und Versorgungssicherheit insgesamt ein zwiespältiges Meinungsbild in der Bevölkerung. Die eine Hälfte in der Bevölkerung favorisiert einen Kernenergieausstieg, selbst wenn dieser mit einer Abnahme in der Versorgungssicherheit einhergehen würde. Die andere Hälfte der Bevölkerung wiederum hält Versorgungssicherheit für mindestens genauso wichtig wie einen Kernenergieausstieg. Tendenziell wird allerdings ein Kernenergieausstieg vor Versorgungssicherheit von der Bevölkerung bevorzugt.

Ein Ausstieg aus der Kernenergie auf Kosten von Versorgungssicherheit wird zum Zeitpunkt der Untersuchung von der einen Hälfte der Bevölkerung unterstützt und von der anderen Hälfte der Bevölkerung nicht unterstützt. Tendenziell wird in der Bevölkerung allerdings ein Kernenergieausstieg gegenüber der Versorgungssicherheit bevorzugt.

Die Bundesnetzagentur (2011) hat einen Bericht über die Auswirkungen des Kernkraftwerks-Moratoriums auf die Übertragungsnetze und die Versorgungssicherheit verfasst. Diesem Bericht zufolge führt ein zu schneller und zu plötzlicher Ausstieg aus der Kernenergie allerdings zu wesentlichen technischen Herausforderungen und damit letztlich zu einer Abnahme der Versorgungssicherheit. Weil die Präferenzen in der Bevölkerung hinsichtlich Kernenergieausstieg und Versorgungssicherheit zum Zeitpunkt der Untersuchung allerdings zwiespältig sind (trotz der zu jenem Zeitpunkt gegenwärtigen Reaktorunfälle in Japan), sollte der Kernenergieausstieg sorgfältig und koordiniert durchgeführt werden, damit letztlich sichergestellt werden kann, dass die Versorgungssicherheit dadurch nicht spürbar beeinträchtigt wird.

7.6 Kritische Würdigung und weiterer Forschungsbedarf

Dieser Abschnitt widmet sich kurz der kritischen Würdigung der Methoden, die zur Bestimmung der Präferenzen zwischen Versorgungssicherheit, Klimaschutz und Kernenergieausstieg verwendet werden. Darüber wird weiterer Bedarf an Forschung aufgezeigt.

Die Daten für die Untersuchung der Präferenzen stammen aus einer Umfrage, die sehr zeitnah nach der nuklearen Katastrophe im japanischen Fukushima durchgeführt wurde. Die mediale Präsenz der Reaktorunfälle war in diesem Zeitraum, wie für große Katastrophen üblich, sehr hoch. Es besteht somit die Möglichkeit, dass diese sehr gegenwärtige nukleare Katastrophe einen signifikanten Einfluss auf die zugrunde liegenden Daten hatte. Im Rahmen einer späteren Arbeit sollten diese Untersuchungen mit etwas größerem zeitlichem Abstand zu einer Katastrophe erneut durchgeführt werden.

Auch diese zugrunde liegende Umfrage ist online über das Internet durchgeführt worden mit einer freiwilligen und anonymen Teilnahme. So kann auch hier die gleiche Kritik angeführt werden wie bei der Bestimmung der Unterbrechungskosten in Haushalten, siehe Abschnitt 6.6.

Bei der geordneten Probit-Regression in dieser Arbeit ist ebenfalls, wie auch bei den Regressionsmodellen für die Bestimmung der Unterbrechungskosten in privaten Haushalten, eine vollständige Berücksichtigung sämtlicher relevanter Variablen nicht möglich. Somit ist auch hier die gleiche Kritik anwendbar wie bereits im Abschnitt 6.6 geäußert.

8 Fazit

Das Ziel dieser Arbeit ist, einen wissenschaftlichen Beitrag zu der Frage zu leisten, welche Rolle Versorgungssicherheit in dem Spannungsfeld zwischen Umweltverträglichkeit und Wirtschaftlichkeit in der Elektrizitätswirtschaft einnimmt. Hierfür wird untersucht, ob und inwiefern die Transformation hin zu einer umweltverträglicheren Elektrizitätsversorgung eine Herausforderung für die Versorgungssicherheit darstellt. Anschließend wird erforscht, in welchem Ausmaß Unterbrechungen der Elektrizitätsversorgung Kosten für verschiedene Verbraucher verursachen, beziehungsweise in welchem Umfang Versorgungssicherheit einen wirtschaftlichen Nutzen hat. Schließlich werden die Präferenzen in der Bevölkerung zwischen Versorgungssicherheit auf der einen Seite sowie den Themen Klimaschutz und Kernenergieausstieg auf der anderen Seite geschätzt.

Diese Arbeit zeigt Anhaltspunkte auf, dass die derzeit vollzogene Transformation des elektrischen Energiesystems die Versorgungssicherheit sowohl technisch als auch organisatorisch vor große Herausforderungen stellt. Die Gründe hierfür liegen einerseits in Diskrepanzen zwischen der ursprünglichen Auslegungssituation und den zukünftigen Anforderungen durch die neuen Erzeugungsanlagen im Bereich der Stromnetze. Andererseits stellen auch zeitliche Diskrepanzen hinsichtlich der zukünftigen Erzeugung und des Verbrauchs von Elektrizität eine wesentliche Herausforderung an die zukünftige Versorgungssicherheit dar. Um das Niveau der Versorgungssicherheit auf dem gleichen Stand wie heute zu halten, werden die Kosten für Maßnahmen in Zukunft vermutlich steigen. Dies bedeutet aber, dass das wohlfahrtsökonomisch optimale Niveau an Versorgungssicherheit sinken müsste, falls der Nutzen von Versorgungssicherheit konstant bleibt.

Im Hinblick auf die Schätzungen der Unterbrechungskosten zeigen die Modellergebnisse, dass die Sicherheit der Elektrizitätsversorgung im Allgemeinen sowohl für Unternehmen als auch für private Haushalte einen sehr hohen Nutzen beziehungsweise eine sehr hohe Wertschätzung aufweist. Damit gehen Unterbrechungen der Elektrizitätsversorgung mit hohen Nutzenverlusten aus Sicht der Stromkunden einher. Allerdings unterliegen die Verteilungen dieser Verluste starken Streuungen von sehr niedrig bis sehr hoch. Dies bedeutet, dass einige Verbraucher sehr geringe Unterbrechungskosten haben, während andere sehr hohe Kosten haben. Gezielte Abschaltungen von Verbrauchern mit den niedrigsten Kosten sind daher, sobald technisch realisierbar, wirtschaftlich sinnvoller als ungezielte Abschaltungen. Möglicherweise wären solche Maßnahmen damit auch wirtschaftlich effizienter als der Zubau von Speichern oder Erzeugungskapazitäten.

Eine Schätzung in dieser Arbeit verdeutlicht beispielsweise, dass es wirtschaftlicher wäre, Verbraucher mit einem *Value of Lost Load* von unter 0,50 EUR/kWh abzuschalten anstatt diese mit Spitzenlastkraftwerken zu versorgen, die weniger als 100 Vollbetriebsstunden im Jahr laufen. Den Ergebnissen nach kämen hier bevorzugt Unternehmen aus den Sektoren Kohle und Torf, Bahndienstleistungen, Holz- und Papierstoffe und Metallerzeugnisse in Frage, zudem 38 Prozent der Haushalte (laut den Ergebnissen der ersten und zweiten Modellrechnung für einstündige Unterbrechungen). Im Interesse einer kostenoptimalen Umsetzung der Energiewende sollten diese Potentiale in zukünftigen Arbeiten eingehender untersucht und quantifiziert werden. Dafür können die in dieser Arbeit gewonnenen Erkenntnisse über Unterbrechungskosten als Eingangsparameter zusammen mit Lastdaten der jeweiligen Verbraucher sowie auch Parametern von Erzeugungsanlagen genutzt werden.

In demokratischen Entscheidungsprozessen ist die Akzeptanz der Bevölkerung für die Energiepolitik unabdingbar. Die Modellergebnisse legen nahe, dass die Bevölkerung Versorgungssicherheit und Klimaschutz als ungefähr gleichwertig wahrnimmt. Somit sollte Versorgungssicherheit nicht auf Kosten von Klimaschutz und Klimaschutz nicht auf Kosten von Versorgungssicherheit umgesetzt werden. Vielmehr muss ein vernünftiger Kompromiss zwischen beiden gefunden werden. Dagegen deuten die Ergebnisse darauf hin, dass der Bevölkerung der Kernenergieausstieg tendenziell etwas wichtiger ist als Versorgungssicherheit. Der Entschluss der Regierung für einen Kernenergieausstieg ist zum damaligen Zeitpunkt somit demokratisch legitim gewesen. Allerdings sei an dieser Stelle darauf hingewiesen, dass sich diese Präferenzen in Japan mit zeitlichem Abstand zu den Reaktorunfällen in 2011 anscheinend wieder verändert haben. So beschloss die damalige japanische Regierung unmittelbar nach den Reaktorunfällen eine von Kernenergie unabhängigere Energieversorgung. Nach den Wahlen im Dezember 2012 wurde jedoch eine neue Regierung gewählt, die in der Energieversorgung wieder verstärkt auf Kernkraftwerke setzen möchte.

Mit zunehmender Automatisierung und Digitalisierung der Gesellschaft werden der Nutzen von Versorgungssicherheit und damit einhergehend die Kosten von Unterbrechungen in Zukunft voraussichtlich weiter ansteigen. Möglicherweise verschieben sich damit ebenfalls die Präferenzen in der Bevölkerung zwischen den drei energiepolitischen Zielen Wirtschaftlichkeit, Umweltverträglichkeit und Versorgungssicherheit. Aus diesem Grund sollten detaillierte Untersuchungen für die Ermittlung von Unterbrechungskosten und Präferenzen vor wichtigen energiepolitischen Weichenstellungen wiederholt werden, um diese auf fundierte Grundlagen stützen zu können.

Literaturverzeichnis

50 Hertz, 2008. Netzanschluss- und Netzzugangsregeln: Technisch-organisatorische Mindestanforderungen.

Arrow, Kenneth Joseph, 1971. Essays in the Theory of Risk-Bearing. North-Holland Pub. Co., Amsterdam.

Bateman, Ian J.; Carson, Richard T.; Day, Brett; Hanemann, Michael W. *et al.*, 2002. Economic Valuation With Stated Preference Techniques: A Manual. Edward Elgar Pub.

BDEW, 2012. BDEW-Strompreisanalyse Mai 2012.

Becker, Gary S., 1965. A Theory of the Allocation of Time. The Economic Journal 75, 493-517.

Bertazzi, Antonella; Fumagalli, Elena; lo Schiavo, Luca, 2005. The Use of Customer Outage Cost Surveys in Policy Decision-Making: The Italian Experience in Regulating Quality of Electricity Supply, CIRED 2005.

Bier, Christoph, 2012. Die Qualität der Stromversorgung für Industriekunden – die Entwicklung in den Jahren 2009 bis 2011, VIK Mitteilungen. VIK.

Blatna, Dagmar, 2006. Outliers in Regression, Applications of Mathematics and Statistics in Economy, Trutnov.

Bliem, Markus, 2005. Eine makroökonomische Bewertung zu den Kosten eines Stromausfalls im österreichischen Versorgungsnetz.

BPB, 2008. Ausstattung mit Gebrauchsgütern.

Bundesnetzagentur, 2010. Ausgestaltung des Qualitätselements Netzzuverlässigkeit Strom im Rahmen der Anreizregulierung

Bundesnetzagentur, 2010. Markt und Wettbewerb Energie Kennzahlen 2010, Bonn.

Bundesnetzagentur, 2011. Auswirkungen des Kernkraftwerk-Moratoriums auf die Übertragungsnetze und die Versorgungssicherheit (Aktualisierung), Bonn.

Carlsson, Fredrik; Martinsson, Peter, 2008. Does it Matter When a Power Outage Occurs? A Choice Experiment Study on the Willingness to Pay to Avoid Power Outages. Energy Economics 30, 1232-1245.

Carlsson, Fredrik; Martinsson, Peter; Akay, Alpaslan, 2011. The Effect of Power Outages and Cheap Talk on Willingness to Pay to Reduce Outages. Energy Economics 33, 790-798.

CEER, 2012. 5th CEER Benchmarking Report on the Quality of Electricity Supply 2011. Council of European Energy Regulators.

Chakraborty, Debesh; Raa, Thij Ten, 1981. Aggregation problem in input-output analysis: A survey. GIPE Journal - Artha Vijnana 23, 326-344.

Chevalier, Jean-Marie, 2006. Security of Energy Supply for the European Union. European Review of Energy Markets 1.

Clarke, Kevin A., 2005. The Phantom Menace: Omitted Variable Bias in Econometric Research. Conflict Management and Peace Science 22, 341-352.

Consentec, 2010. Konzeptionierung und Ausgestaltung des Qualitäts-Elements (Q-Element) im Bereich Netzzuverlässigkeit Strom sowie dessen Integration in die Erlösobergrenze.

Dahl, Erik J., 2000. Naval Innovation: From Coal to Oil. Joint Force Quarterly Winter 2000-01, 50-56.

de Mesnard, Louis, 2009. On the fallacy of forward linkages: A note in the light of recent results. University of Burgundy and CNRS, Illinois.

de Nooij, Michiel; Koopmans, Carl; Bijvoet, Carlijn, 2007. The Value of Supply Security - the Costs of Power Interruptions: Economic Input for Damage Reduction and Investment in Networks. Energy Economics 29, 277-295.

de Nooij, Michiel; Lieshout, Rogier; Koopmans, Carl, 2009. Optimal blackouts: Empirical results on reducing the social cost of electricity outages through efficient regional rationing. Energy Economics 31, 342-347.

Deppert, Wolfgang; Mielke, Dietmar; Theobald, Werner, 2001. Mensch und Wirtschaft: Interdisziplinäre Beiträge zur Wirtschafts- und Unternehmensethik, Leipzig.

DESTATIS, 2003. Monetäre, physische und Zeit-Input-Output-Tabellen, Sozioökonomisches Berichtssystem für eine nachhaltige Gesellschaft, Wiesbaden.

DESTATIS, 2005. Qualitätsbericht Zeitbudgeterhebung 2001/2002. Statistisches Bundesamt, Wiesbaden, S. 6.

DESTATIS, 2010. Bericht zu den Umweltökonomischen Gesamtrechnungen 2010, Wiesbaden.

DESTATIS, 2010. Input-Outputrechnung im Überblick. Statistisches Bundesamt, Wiesbaden.

DESTATIS, 2012. Qualitätsbericht Einkommens- und Verbrauchsstichprobe 2008. Statistisches Bundesamt, Wiesbaden, S. 12.

DESTATIS, 2013. Preise: Verbraucherpreisindizes für Deutschland (Eilbericht), Wiesbaden.

DESTATIS, 2013. Zeitbudgeterhebung.

Dewey, Russ, 2011. Psychology: An Introduction.

Dhillon, Balbir S., 2007. Applied Reliability and Quality: Fundamentals, Methods and Applications, London.

Dittmar, Lars, 2011. Understanding the Regional Diffusion of Solar Photovoltaic in Germany: A Panel Regression Approach, Forschungskolloquium Energiesysteme 2011, Stettin, S. 6.

Duden Wirtschaft von A bis Z, 2009. Grundlagenwissen für Schule und Studium, Beruf und Alltag, 4 ed, Mannheim.

Ehlers, Niels, 2011. Strommarktdesign angesichts des Ausbaus fluktuierender Stromerzeugung. Technische Universität Berlin, Berlin.

ENTSO-E, 2009. P1 Policy 1: Load-Frequency Control and Performance, in: UCTE (Ed.).

EnWG, 2005. Gesetz über die Elektrizitäts- und Gasversorgung.

Erdmann, Georg; Zweifel, Peter, 2007. Energieökonomik. Springer-Verlag, Berlin.

Freeman, A. M., 1979. The Benefits of Environmental Improvement: Theory and Practice. Johns Hopkins University Press Baltimore.

Frontier Economics, 2008. Kosten von Stromversorgungsunterbrechungen.

Galvin Electricity Initiative, 2011. Electricity Reliability: Problems, Progress and Policy Solutions.

Ghosh, Ambica, 1958. Input-Output Approach in an Allocation System. Economica 25, 58-64.

Grein, Arne, 2013. Schlussbericht für das Verbundprojekt EnEffCo.

Hähnel, Alexander, 2011. Analyse des Value of Lost Load in privaten Haushalten und Kosten von ausgewählten dezentralen Energiesystemen. TU Berlin, Berlin.

Hanemann, W. M., 1991. Willingness to Pay and Willingness to Accept: How Much Can They Differ? The American Economic Review 81, 635-647.

Heinz, Boris, 2010. Dynamische Simulation von stationären Brennstoffzellen im liberalisierten Energiemarkt, Energy Systems. Technische Universität Berlin, Berlin.

Henkel, Johannes, 2012. Modelling the Diffusion of Innovative Heating Systems in Germany - Decision Criteria, Influence of Policy Instruments and Vintage Path Dependencies. Technische Universität Berlin, Berlin.

IEA, 2007. IEA Response System for Oil Supply Emergencies, Paris.

Kjolle, Gerd H.; Samdal, Knut; Singh, Balbir; Kvitastein, Olav A., 2008. Customer Costs Related to Interruptions and Voltage Problems: Methodology and Results. IEEE Transactions on Power Systems 23, 1030-1038.

Lehtonen, M.; Lemstrom, B., 1995. Comparison of the Methods for Assessing the Customers' Outage Costs, 1995 International Conference on Energy Management and Power Delivery (Cat. No.95TH8130), S. 1-6.

Leontief, Wassily, 1951. Input-Output Economics. Scientific American 185, 15-21.

Lohninger, Hans, 2012. Grundlagen der Statistik, in: eBook, Epina (Ed.).

Löschel, Andreas; Erdmann, Georg; Staiß, Frithjof; Ziesing, Hans-Joachim, 2012. Stellungnahme zum ersten Monitoring-Bericht der Bundesregierung für das Berichtsjahr 2011. Expertenkommission zum Monitoring-Prozess „Energie der Zukunft", Berlin, Mannheim, Stuttgart, S. 138.

Massey, Frank J., 1951. The Kolmogorov-Smirnov Test for Goodness of Fit. Journal of the American Statistical Association 46, 68-78.

Miller, Ronald E.; Lahr, Michael L., 2001. A Taxonomy of Extractions, in: Miller, Ronald E., Lahr, Michael L. (Eds.), Regional Science Perspectives in Economics: A Festschrift in Memory of Benjamin H. Stevens. Elsevier Science, Amsterdam, S. 407-441.

O' Leary, Fergal; Bazilian, Morgan; Howley, Martin; Ó Gallachóir, Brian et al., 2007. Security of Supply in Ireland 2007. Sustainable Energy Ireland (SEI).

OECD, 1992. Structural Change and Industrial Performance: A Seven Country Growth Decomposition Study. Organisation for Economic Co-operation and Development, Paris.

Oosterhaven, Jan, 1988. On the Plausibility of the Supply-Driven Input-Output Model. Journal of Regional Science 28, 203-217.

Park, JiYoung, 2006. The Supply-Driven Input-Output Model: A Reinterpretation and Extension, in: Center, CREATE Homeland Security (Ed.), Buffalo.

Pratt, John W., 1964. Risk Aversion in the Small and in the Large. Econometrica 32, 122-136.

Samdal, K.; Kjolle, G. H.; Singh, B.; Kvitastein, O., 2006. Interruption Costs and Consumer Valuation of Reliability of Service in a Liberalised Power Market, 2006 International Conference on Probabilistic Methods Applied to Power Systems (IEEE Cat No. 06EX1495), S. 826-832 vol. 822.

Schlomann, Barbara; Gruber, Edelgard; Eichhammer, Wolfgang; Kling, Nicola *et al.*, 2004. Energieverbrauch der privaten Haushalte und des Sektors Gewerbe, Handel, Dienstleistungen (GHD). Fraunhofer ISI, DIW, GfK Marketing Services, GfK Panel Services Consumer Research, Institut für Energetik und Umwelt, Technische Universität München, Karlsruhe, Berlin, Nürnberg, Leipzig, München.

Steinback, Scott R., 2004. Using Ready-Made Regional Input-Output Models to Estimate Backward-Linkage Effects of Exogenous Output Shocks. The Review of Regional Studies 34, 57-71.

Stern, Nicholas Herbert, 2007. The Economics of Climate Change: The Stern Review. Cambridge University Press, Cambridge.

Stocker, Herbert, 2012. Einführung in die angewandte Ökonometrie. TU Wien, S. 344.

Stoft, Steven, 2002. Power System Economics: Designing Markets for Electricity. Wiley-IEEE Press, Piscataway.

Sullivan, M. J.; Keane, D. M., 1995. Outage Cost Estimation Guidebook. Electric Power Research Institute, San Francisco.

Thayer, Mark A., 1981. Contingent Valuation Techniques for Assessing Environmental Impacts: Further Evidence. Journal of Environmental Economics and Management, 27-44.

Train, Kenneth E., 2009. Discrete Choice Methods with Simulation, 2 ed. Cambridge University Press.

United Nations, 2000. World Energy Assessment, New York.

Varian, Hal, 2009. Intermediate Microeconomics: A Modern Approach, 8 ed. Norton.

VDN, 2003. Basisdaten zum Stromnetz in Deutschland.

VDN, 2007. Distribution Code 2007: Regeln für den Zugang zu Verteilungsnetzen.

VDN, 2007. Transmission Code 2007: Netz- und Systemregeln der deutschen Übertragungsnetzbetreiber.

Walsh, John E., 1959. Large sample nonparametric rejection of outlying observations. Annals of the Institute of Statistical Mathematics 1959.

White, Halbert, 1980. A Heteroskedasticity-Consistent Covariance Matrix Estimator and a Direct Test for Heteroskedasticity. Econometrica 48, 817-838.

Winzer, Christian, 2012. Conceptualizing Energy Security. Energy Policy 46.

Worldbank, 2013. Inflation, GDP deflator, in: Worldbank (Ed.), Washington DC.

Yergin, Daniel, 2006. Ensuring Energy Security. Foreign Affairs 85, 69-82.

Anhang

Tabelle 18: Einteilung der 51 Sektoren für die Bestimmung der Unterbrechungskosten in Unternehmen

Klassifikation	Sektorbezeichnung	CPA 2002
1	Landwirtschaft, Jagd und Forstwirtschaft sowie forstwirtschaftliche Dienstleistungen	1, 2
2	Fische und Fischereierzeugnisse	5
3	Kohle und Torf	10
4	Erdöl, Erdgas, Dienstleistungen für Erdöl-, Erdgasgewinnung	11
5	Gewinnung von Erzen (einschließlich von Uran- und Thoriumerzen)	12, 13
6	Steine und Erden, sonstige Bergbauerzeugnisse	14
7	Nahrungs- und Futtermittel, Getränke	15
8	Tabakerzeugnisse	16
9	Textilien	17
10	Bekleidung	18
11	Leder und Lederwaren	19
12	Holz; Holz-, Kork-, Flechtwaren (ohne Möbel)	20
13	Holzstoff, Zellstoff, Papier, Karton und Pappe sowie Waren daraus	21
14	Verlags- und Druckerzeugnisse, bespielte Ton-, Bild- und Datenträger	22
15	Kokereierzeugnisse, Mineralölerzeugnisse, Spalt- und Brutstoffe	23
16	Chemische Erzeugnisse (inkl. pharmazeutische Erzeugnisse)	24
17	Gummi- und Kunststoffwaren	25
18	Glas, Glaswaren, Keramik, bearbeitete Steine und Erden	26
19	Roheisen, Stahl, Nichteisenmetalle, Rohre und Halbzeug daraus, Gießereierzeugnisse	27
20	Metallerzeugnisse	28
21	Maschinen	29
22	Büromaschinen, Datenverarbeitungsgeräte und -einrichtungen	30
23	Geräte der Elektrizitätserzeugung, -verteilung und Ähnliches	31
24	Nachrichtentechnik, Rundfunk- und Fernsehgeräte, elektronische Bauelemente	32
25	Medizin-, Mess-, Regelungstechnik, optische Erzeugnisse, Uhren	33
26	Kraftwagen und Kraftwagenteile	34
27	Sonstige Fahrzeuge (Wasser-, Schienen-, Luftfahrzeuge und andere)	35
28	Möbel, Schmuck, Musikinstrumente, Sportgeräte, Spielwaren und Ähnliches	36
29	Sekundärrohstoffe	37

Tabelle 19: Einteilung der 51 Sektoren für die Bestimmung der Unterbrechungskosten in Unternehmen (Fortsetzung)

Klassifikation	Sektorbezeichnung	CPA 2002
30	Elektrizität und Fernwärme, Dienstleistungen der Elektrizitäts- und Fernwärmeversorgung	40.1, 40.3
31	Gase, Dienstleistungen der Gasversorgung	40,2
32	Wasser und Dienstleistungen der Wasserversorgung	41
33	Vorbereitende Baustellenarbeiten, Hoch- und Tiefbauarbeiten, Bauinstallations- und sonstige Bauarbeiten	45
34	Handelsleistungen mit Kraftfahrzeugen; Reparaturen an Kraftfahrzeugen; Tankleistungen	50
35	Handelsvermittlungs- und Großhandelsleistungen	51
36	Einzelhandelsleistungen; Reparatur an Gebrauchsgütern	52
37	Beherbergungs- und Gaststätten-Dienstleistungen	55
38	Eisenbahn-Dienstleistungen	60,1
39	Sonstige Landverkehrsleistungen, Transportleistungen in Rohrfernleitungen	60.2-60.3
40	Schifffahrtsleistungen	61
41	Luftfahrtleistungen	62
42	Dienstleistungen bezüglich Hilfs- und Nebentätigkeiten für den Verkehr	63
43	Nachrichtenübermittlungs-Dienstleistungen	64
44	Kredit- und Versicherungsgewerbe (ohne Sozialversicherung)	65-67
45	Dienstleistungen (Grundstück, Vermietung, Datenbanken, Forschung und Entwicklung, Unternehmens-Dienstleistungen)	70-74
46	Öffentliche Verwaltung, Verteidigung, Sozialversicherung	75
47	Erziehungs- und Unterrichts-Dienstleistungen	80
48	Dienstleistungen des Gesundheits-, Veterinär- und Sozialwesens	85
49	Abwasser-, Abfallbeseitigungs- und sonstige Entsorgungsleistungen	90
50	Kultur-, Sport- und Unterhaltungs-Dienstleistungen	92
51	Dienstleistungen von Interessenvertretungen, Kirchen und Ähnliches, sonstige Dienstleistungen, Dienstleistungen privater Haushalte	91, 93, 95

Umfrage zu Stromausfällen

Diese Umfrage wird im Rahmen eines Studienprojektes zum Thema Stromausfälle erhoben. Ihre Angaben werden selbstverständlich streng vertraulich behandelt und anonym verarbeitet.

Deutschland hatte in der Vergangenheit im internationalen, aber auch im europäischen Vergleich eine sehr zuverlässige Elektrizitätsversorgung. Aktuelle gesellschaftliche Entwicklungen, wie beispielsweise der starke Ausbau der Nutzung erneuerbarer Energien, stellen die Versorgungssicherheit jedoch vor neue Herausforderungen. Diese Studie hat zum Ziel, die Konsequenzen von Stromausfällen in deutschen Privathaushalten zu bewerten.

Im Folgenden werden Ihnen dafür zunächst Fragen zu Ihrem Stromverbrauch gestellt und anschließend fünf unterschiedliche Fälle von Stromausfällen geschildert. Bitte bewerten Sie alle fünf Fälle gemäß Ihrer persönlichen Präferenzen.

Fragen zum Stromverbrauch

1. In Ihrem Haushalt wohnen (Sie eingeschlossen)   Erwachsene und   Minderjährige.

2. Ihr Haushalt hatte einen Stromverbrauch von   kWh in einem Zeitraum von   Tagen.

Stromausfallszenarien

Szenarien	Dauer der Stromausfälle
Fall A	**15 Minuten** am Stück im Jahr zu einem zufälligen Zeitpunkt
Fall B	**1 Stunde** am Stück im Jahr zu einem zufälligen Zeitpunkt
Fall C	**4 Stunden** am Stück im Jahr zu einem zufälligen Zeitpunkt
Fall D	**1 Tag** am Stück im Jahr zu einem zufälligen Zeitpunkt
Fall E	**4 Tage** am Stück im Jahr zu einem zufälligen Zeitpunkt

1. Bewerten Sie die Unannehmlichkeiten, die Ihnen persönlich durch die oben genannten Fälle (A-E) entstehen in einer Skala von 0 (stört gar nicht) bis 10 (stört mich sehr).

Fall A Fall B Fall C Fall D Fall E

Verderb von Lebensmitteln

Einschränkung der Aktivitäten zu Hause für die Dauer des Stromausfalls (z. B. Fernsehen, Lesen, Telefonieren, Internet, Kochen, Putzen, etc.)

Plötzlicher Datenverlust (PC, Konsole, etc.) und erneute Konfiguration von elektrischen Geräten (Anrufbeantworter, Radiowecker, etc.)

Ausfall der Heizung und der Warmwasserversorgung für die Dauer des Stromausfalls

Anderes (bitte spezifizieren Sie)

2. Stellen Sie sich vor, Ihr Elektrizitätsversorger würde Ihnen für diese Ausfälle (A-E) eine einmalige Gutschrift als Entschädigung gewähren. Wie hoch sollten diese fairerweise für Sie sein? Bitte beziehen Sie den Betrag nur auf sich selbst (nicht für die anderen Haushaltsmitglieder).

Fall A: Fall B: Fall C: Fall D: Fall E:
15 Min. 1 Std. 4 Std. 1 Tag 4 Tage

Euro

3. Nehmen Sie an, Ihnen würde für Ausfälle wie diese (A-E) ein Notstromdienst zur Verfügung stehen. Wie viel wären Sie dann maximal bereit jährlich für einen solchen Dienst bei den unterschiedlichen Fällen (A-E) zu bezahlen? Bitte beziehen Sie den Betrag nur auf sich selbst (nicht für die anderen Haushaltsmitglieder).

Fall A: Fall B: Fall C: Fall D: Fall E:
15 Min. 1 Std. 4 Std. 1 Tag 4 Tage

Euro/Jahr

Abbildung 37: Fragebogen zur Bestimmung der Unterbrechungskosten in privaten Haushalten

Persönliche Fragen

Wenn Sie Fragen aus diesem Teil nicht beantworten möchten, lassen Sie diese bitte einfach aus.

1. Welche der folgenden Einkommensquellen besitzen Sie derzeit? (Mehrere Antworten sind möglich)

- Einkommen aus unselbständiger oder selbständiger Tätigkeit
- Rente/Pension
- Arbeitslosengeld/Sozialhilfe
- Stipendium/BaföG
- Kindergeld/Taschengeld
- Unterhaltszahlung durch Eltern, Ehepartner, etc.
- Kein eigenes Einkommen

2. Wie hoch ist Ihr monatliches Netto-Einkommen aus unselbständiger oder selbständiger Arbeit?

     Euro

3. Wie viele Stunden arbeiten Sie durchschnittlich pro Woche (bezahlte und unbezahlte Überstunden inklusive)?

     Wochenstunden

4. Wie hoch ist Ihr monatliches Netto-Haushalts-Einkommen aus allen Einkommensquellen?

     Euro

5. Betrachten Sie Ihre zeitliche Verwendung für Aktivitäten außerhalb der Arbeitszeiten. Wie abhängig sind Sie von der Verfügbarkeit über Elektrizität (Schlafen ausgenommen)? Bewerten Sie die Abhängigkeit Ihrer außerberuflichen Aktivitäten in einer Skala von 0 bis 10.

    0 (komplett unabhängig) bis 10 (komplett abhängig)

6. Ihr Wohngebäude ist ein

- Freistehendes Einfamilienhaus
- Doppelhaushälfte/Reihenhaus
- Mehrfamilienhaus mit weniger als elf Wohneinheiten
- Mehrfamilienhaus mit elf oder mehr Wohneinheiten

Absenden

                                               Fragebogen absenden

Bei Fragen oder Problemen wenden Sie sich bitte an Aaron Praktiknjo,
aaron.j.praktiknjo@tu-berlin.de, 030-31479329

Abbildung 38: Fragebogen zur Bestimmung der Unterbrechungskosten in privaten Haushalten (Fortsetzung)

Umfrage zu Stromausfällen und den aktuellen Entwicklungen

Ihre Angaben werden selbstverständlich streng vertraulich behandelt und anonym verarbeitet.

Die schlimmen aktuellen Ereignisse in Japan haben auch gravierende Konsequenzen für Themen der deutschen Energiewirtschaft: Kernkraft, Versorgungssicherheit, Klimaschutz. Um das momentane öffentliche Stimmungsbild zu diesen Themen aufnehmen zu können, bitten wir Sie nochmal eine stark verkürzten Version des Fragebogens auszufüllen.

Im Folgenden werden Ihnen zunächst wieder Fragen zu Ihrem Stromverbrauch gestellt und anschließend fünf unterschiedliche Fälle von Stromausfällen geschildert. Bitte bewerten Sie alle fünf Fälle gemäß Ihrer persönlichen Präferenzen.

Fragen zum Stromverbrauch

1. In Ihrem Haushalt wohnen (Sie eingeschlossen)   Erwachsene und   Minderjährige.

2. Ihr Haushalt hatte einen Stromverbrauch von   kWh in einem Zeitraum von   Tagen. Bitte tragen Sie hier unbedingt Werte ein (z. B. laut der letzten Stromabrechnung).

Stromausfallszenarien

Szenarien	Dauer der Stromausfälle
Fall A	**15 Minuten** am Stück im Jahr zu einem zufälligen Zeitpunkt (unangekündigt)
Fall B	**1 Stunde** am Stück im Jahr zu einem zufälligen Zeitpunkt (unangekündigt)
Fall C	**4 Stunden** am Stück im Jahr zu einem zufälligen Zeitpunkt (unangekündigt)
Fall D	**1 Tag** am Stück im Jahr zu einem zufälligen Zeitpunkt (unangekündigt)
Fall E	**4 Tage** am Stück im Jahr zu einem zufälligen Zeitpunkt (unangekündigt)

1. Stellen Sie sich vor, Ihr Elektrizitätsversorger würde Ihnen für diese Ausfälle (A-E) eine einmalige Gutschrift als Entschädigung gewähren. Wie hoch sollten diese fairerweise für Sie sein? Bitte beziehen Sie den Betrag nur auf sich selbst (nicht für die anderen Haushaltsmitglieder).

Fall A: Fall B: Fall C: Fall D: Fall E:
15 Min. 1 Std. 4 Std. 1 Tag 4 Tage

Euro

2. Nehmen Sie an, Ihnen würde für Ausfälle wie diese (A-E) ein Notstromdienst zur Verfügung stehen. Wie viel wären Sie (im Nachhinein gesehen) maximal bereit jährlich für einen solchen Dienst bei den gegebenen Stromausfällen (A-E) zu bezahlen? Bitte beziehen Sie den Betrag nur auf sich selbst (nicht für die anderen Haushaltsmitglieder).

Fall A: Fall B: Fall C: Fall D: Fall E:
15 Min. 1 Std. 4 Std. 1 Tag 4 Tage

Euro/Jahr

Abbildung 39: Fragebogen zur Versorgungssicherheit in den Kontext von Klimaschutz und Kernenergieausstieg

Versorgungssicherheit im Kontext zu Klimawandel und Kernkraft

Mit welchen Aussagen stimmen Sie überein?

1. Maßnahmen zum Klimaschutz (Reduktion von CO2) sind mir persönlich im Vergleich zur Versorgungssicherheit (keine oder nur wenige Stromausfälle)

- sehr viel wichtiger. (Klimaschutz ist sehr viel wichtiger als Versorgungssicherheit)
- wichtiger. (Klimaschutz ist wichtiger als Versorgungssicherheit)
- beide gleich wichtig. (Klimaschutz ist genauso wichtig wie Versorgungssicherheit)
- unwichtiger. (Versorgungssicherheit ist wichtiger als Klimaschutz)
- sehr viel unwichtiger. (Versorgungssicherheit ist sehr viel wichtiger als Klimaschutz)

2. Ein Ausstieg aus der Kernenergie ist mir persönlich im Vergleich zur Versorgungssicherheit (keine oder nur wenige Stromausfälle)

- sehr viel wichtiger. (Kernenergieausstieg ist sehr viel wichtiger als Versorgungssicherheit)
- wichtiger. (Kernenergieausstieg ist wichtiger als Versorgungssicherheit)
- beide gleich wichtig. (Kernenergieausstieg ist genauso wichtig wie Versorgungssicherheit)
- unwichtiger. (Versorgungssicherheit ist wichtiger als Kernenergieausstieg)
- sehr viel unwichtiger. (Versorgungssicherheit ist sehr viel wichtiger als Kernenergieausstieg)

Persönliche Fragen

Wenn Sie Fragen aus diesem Teil nicht beantworten möchten, lassen Sie die jeweilige Frage bitte einfach aus.

1. Wie hoch ist Ihr monatliches Netto-Einkommen aus unselbständiger oder selbständiger Arbeit?

    Euro

2. Wie viele Stunden arbeiten Sie durchschnittlich pro Woche (bezahlte und unbezahlte Überstunden inklusive)?

    Wochenstunden

3. Wie hoch ist Ihr monatliches Netto-Haushalts-Einkommen aus allen Einkommensquellen?

    Euro

4. Betrachten Sie Ihre zeitliche Verwendung für Aktivitäten außerhalb der Arbeitszeiten. Wie abhängig sind Sie von der Verfügbarkeit über Elektrizität (Schlafen ausgenommen)? Bewerten Sie die Abhängigkeit Ihrer außerberuflichen Aktivitäten in einer Skala von 0 bis 10.

    0 (komplett unabhängig) bis 10 (komplett abhängig)

5. Ihr Wohngebäude ist ein

- Freistehendes Einfamilienhaus
- Doppelhaushälfte/Reihenhaus
- Mehrfamilienhaus mit weniger als elf Wohneinheiten
- Mehrfamilienhaus mit elf oder mehr Wohneinheiten

Absenden

Fragebogen absenden

Bei Fragen oder Problemen wenden Sie sich bitte an Aaron Praktiknjo, aaron.j.praktiknjo@tu-berlin.de, 030-31479329

Abbildung 40: Fragebogen zur Versorgungssicherheit in den Kontext von Klimaschutz und Kernenergieausstieg (Fortsetzung)